教育部人文社科一般项目：家庭资产配置、资产替代与
宏观金融调控的有效性（12JYC790011）

家庭资产配置、资产替代与
宏观金融调控的有效性

HOUSEHOLD ASSET ALLOCATION,
ASSET SUBSTITUTION AND
EFFECTIVENESS OF MACRO-FINANCIAL REGULATION

陈　蕾◎著

U0370188

经济管理出版社
ECONOMY & MANAGEMENT PUBLISHING HOUSE

图书在版编目（CIP）数据

家庭资产配置、资产替代与宏观金融调控的有效性/陈蕾著 . —北京：经济管理出版社，2019. 12

ISBN 978 - 7 - 5096 - 6991 - 4

Ⅰ.①家…　Ⅱ.①陈…　Ⅲ.①家庭财产—金融资产—配置—研究　Ⅳ.①TS976. 15

中国版本图书馆 CIP 数据核字 (2019) 第 301482 号

组稿编辑：申桂萍
责任编辑：申桂萍　宋　佳
责任印制：黄章平
责任校对：赵天宇

出版发行：经济管理出版社
　　　　　（北京市海淀区北蜂窝 8 号中雅大厦 A 座 11 层　100038）
网　　　址：www. E - mp. com. cn
电　　　话：(010) 51915602
印　　　刷：三河市延风印装有限公司
经　　　销：新华书店
开　　　本：720mm × 1000mm/16
印　　　张：13. 5
字　　　数：235 千字
版　　　次：2019 年 12 月第 1 版　　2019 年 12 月第 1 次印刷
书　　　号：ISBN 978 - 7 - 5096 - 6991 - 4
定　　　价：58. 00 元

前　言

　　家庭金融现已成为与资产定价、公司金融等传统金融研究方向并立的一个新的独立研究课题。随着家庭收入的上升和投资意识的增强，家庭资产配置行为已成为影响经济运行的一个重要变量，研究家庭的资产配置能够为经济波动成因提供新的理论解释，为改善宏观金融调控提供有益的启示。作为一个转轨经济国家，我国金融体制尚带有很强的金融约束色彩，这一政策在一定的历史阶段曾为金融稳定做出贡献，但也因此影响了金融市场的收益率结构，进而影响家庭的资产配置结构。基于这一事实，本书侧重以金融约束的视角考察这一政策对中国家庭资产配置的负面影响。

　　本书首先运用横向静态比较和纵向动态比较的方法分析了中外家庭资产配置的特点，归纳出中国家庭资产配置的四大特点：储蓄存款比重高（M2/GDP 比率高）、房产比重高、风险资产占比较低和理财产品爆发式增长。围绕着这四大特点，笔者分析了中国家庭资产配置的宏观经济负效应：银行承担了过多的金融风险，过度的保值需求挤出了家庭消费，资本市场丧失缓冲热钱冲击的功能。造成中国家庭资产配置四大特点的成因：家庭收入无法应对未来支出的变化导致资产配置结构谨慎；家庭可配置资产的收益－风险结构制约了资产配置的多样化；传统文化影响了家庭资产配置的结构。其次运用 CARA 型效用函数建立家庭储蓄与投资模型，对上述资产配置的成因进行数理分析。特别针对中国现实引入金融约束政策，选择 CRRA 型效用函数来拓展家庭储蓄与投资模型，分析了金融约束政策对家庭持有风险资产的影响。考虑到近年来互联网金融这一新业态的发展，笔者另外分析了互联网金融对家庭资产配置的影响。再次通过 TVP－VAR 方法实证检验了股票超额收益率、房地产超额收益率对资产替代和资产配置中储蓄存款占比的影响，分析资产收益率结构失衡通过资产替代影响家庭资产配置结构的机理，指出发展股票市场和控制房地产市场是当前引导家庭资产配置结构健康化的重要途径。最后中国家庭除了将已有资产分配到各类产品，还会通过借贷的方法提前配置资产，在房产的持有上就使得家庭的负债急剧上升，该部分讨论了家庭债务的上升与经济增长之间的关系，提出当前家庭债务已经超过合理水平，不利于经济增长，从另一个角度说明控制房地产市场的必要性。

本书从以下几个方面作了一些尝试性的探讨：①将微观的家庭资产选择行为引入宏观金融调控有效性研究，探索了家庭资产配置的宏观经济负效应。②比较了中外家庭资产配置结构的差异并分析了这种差异的成因，得出金融约束政策所引起的收益率结构失衡是造成中外家庭资产配置差异的重要因素。③结合中国国情，采用理论和实证相结合的方法考察了金融约束政策在家庭资产配置中的作用。④从多方面论证房地产市场的过度发展不利于居民消费升级与宏观经济增长。

目　录

第一章　导　论

一、研究背景与意义

（一）研究背景

从某种意义上可以说，金融业的发展史就是一部家庭资产选择的变迁史（刘楹，2007），家庭资产选择包括资产配置和资产替代，资产配置指在某一时点上家庭资产组合的构成，是一个静态的概念。资产选择就是在若干种可供选择的资产（如股票、债券、外汇、不动产和事业投资等）之间进行决策，确定是否投资某类资产以及投资多少金额，目标是使投资者最终持有的资产整体收益尽可能高，风险尽可能低①。资产选择是资产配置和资产替代的结合，由一种资产配置状态转变为另一种资产配置状态，是一个动态的概念。资产配置是资产选择的结构，资产选择改变了资产配置的结构。

宏观经济学用流动性偏好理论、消费－储蓄理论和生命周期理论来解释家庭消费的跨期分配。近50年来，随着现代金融理论的不断发展，学者大量运用数学工具和行为金融来研究家庭的资产配置，但迄今对家庭资产选择的研究一直局限在微观层面，而忽略了其宏观经济效益。事实上，家庭资产组合的调整变化对经济的影响不容忽视：大规模外币资产替代本币资产会引发货币危机，大规模现

---

① ［美］兹维·博迪. 金融学［M］. 北京：中国人民大学出版社，2010.

金对存款的替代会导致银行流动性危机。股票、债券、定期存款等金融资产，与现金活期存款一样，都具有储藏手段的功能，是购买力的"暂栖所"，当居民将这些金融资产转化为现金活期存款时，流动性的总量和结构随之发生变化，原先不需要现实商品劳务平衡的潜在购买力变成现实的购买力，总供需平衡的压力增加。各种事实证明，居民的资产配置和资产替代行为会通过影响流动性的总量和结构的途径进而影响经济周期和金融稳定（邱崇明、张亦春、牟敦国，2005）。因此，宏观金融政策如果不关注家庭资产配置的影响就可能达不到预期目标。近几年中国宏观金融调控也表现出了"部分失灵"：尽管中央各部委出台了各种房地产调控政策，涵盖信贷、金融、税收、住房结构和土地供应等方面，然而一些一线城市和部分二线城市的房价收入比还是超过 3～5 倍的国际公认标准，房价泡沫十分严重。

家庭资产配置既是微观主体的经济行为，又与整个宏观经济密切联系。伴随着经济体制改革的不断深入、收入分配主体的变化和金融市场的发展，中国居民家庭配置的资产种类不断增加，家庭资产配置行为变得越来越复杂。同时，随着资产配置结构的多元化，家庭资产在动员储蓄转化为投资、优化资源配置方面的作用越来越大，进而对宏观金融环境产生不容忽视的影响。

（二）研究意义

深入研究家庭的资产配置和资产替代的宏观效应有着重要的理论和现实意义。

第一，理解家庭的资产配置与资产替代可以为货币当局预防经济波动和金融危机提供一种新的对策思路。如前所述，从资产配置和资产替代的角度看，经济波动和金融危机可视为资产异常替代的结果，这为我们分析宏观经济波动的原因和寻找对策提供了一种新的思路：平时通过维持资产收益率结构均衡这种"中性"的政策，来防止不同资产的异常替代；一旦异常替代发生，可通过利率、汇率的调整，理顺收益率结构，或者通过鼓励某种替代的政策，引导居民按照央行的政策意图调整自己的资产组合，使资产组合的调整产生促进经济均衡的效应。

第二，理解家庭的资产配置和资产替代对于中国的经济体制改革有着积极的推动作用。家庭的资产配置和资产替代受到宏观经济环境、政策和制度等因素的影响很大，诸如通货膨胀率、金融约束政策、投资者保护制度、金融市场的发达程度、社会保障体系的健全程度等都直接或者间接地影响了家庭的资产选择，并最终影响资产配置结构。因此，资产配置结构可以在一定程度上反映出经济体制的缺陷，优化资产配置有赖于改革的深化、经济大环境的改善和各项政策的配套。

第三，理解家庭的资产配置与资产替代有助于理论界了解使用何种形式的家庭效用函数，确认家庭效用函数的相关经济特征，从而有助于指导理论建模。

第四，家庭资产配置是家庭金融学（Household Finance）领域的一个重要课题，而 Campell（2006）认为，家庭金融现已成为与资产定价、公司金融等传统金融研究方向并立的一个新的独立研究方向。

总之，伴随着家庭收入的上升和投资意识的不断强化，家庭资产配置行为已成为影响经济运行的一个重要变量，不研究这种行为，经济波动和宏观调控理论就缺少坚实的微观基础。不把家庭资产选择纳入宏观金融政策的调控体系，宏观金融政策的有效性就很难实现。从理论上说，探讨家庭资产配置与宏观经济运行状况的相互作用机制，有助于构建联系宏微观经济金融的桥梁。

二、概念的界定

概念的界定是研究的起点，本书的概念界定是根据经济学的基本理论和本书中课题研究的具体需要所进行的经济学定义。

（一）居民、家庭、居民家庭

黄家骅（1997）认为，经济学意义上的居民是以住户为单位的法律形式，在一国从事商品生产与服务，以获取收入用于投资和消费的个人群体，是市场经济中的基本主体。经济学意义上的居民包括厂商，而本书的居民不包括厂商。家庭是社会结构的基本单位，是建立在姻缘关系和血缘关系基础上亲密合作、共同生活的社会群体。刘楹（2007）认为"家庭"是行为的主体，是一种由具有婚姻关系、血缘关系乃至收养关系维系起来的人群，是基于共同的物质、情感基础而建立的一种社会生活的基本组织形式。居民家庭是指排除了厂商的居民。在分析家庭资产状况时，有的学者使用居民家庭的概念，如史代敏和宋艳（2005）、张辉（2008）等；有的学者使用居民的概念，如臧旭恒（2001）、张红伟（2001）、骆祚炎（2008）、连建辉（1998）、李建军和田光宁（2001）等。本书在分析家庭资产配置时使用家庭这一用法，在具体含义上和居民家庭或居民并无本质区别。

（二）资产、财产

财富在经济分析中表现为资产，资产是物质财富的表现形式。通常我们对资产的理解可以从企业会计核算层面和一般经济学意义层面来理解和解释。从企业会计上理解，资产是指由过去的交易形成，并由企业拥有或者控制的资源，该资源预期会给企业带来一定的经济利益。从经济学意义上理解，资产可能是属于经济主体的自有财产，也可能是非他所有但由其实际控制的财产，即通过负债形式借入的资产。在实际的经济生活中，自有资产和负债形成的资产是融合在一起的，经济主体要对所有的资产进行统筹管理，所以资产这一概念在经济行为的分析中更具有实际意义。从这个理念考虑，分析居民家庭对各项经济资源的配置就需要使用资产这一概念。财产一般从法律角度的产权出发，是对经济主体拥有完全产权的自由资产的称谓①。财产在数值上等于资产与负债的差额，要小于资产的数量。

（三）家庭的实物资产、金融资产、风险性资产和非风险性资产

按资产的存在形态，家庭资产可以分为金融资产和实物资产（非金融资产）两大类。其中，金融资产是指居民持有的、要求未来收益的或是资产索取权的各种有价证券，这是家庭在满足消费之后，以储蓄或投资为目的而进行的资产选择。金融资产是以信用关系为特征，货币流动或资金流通为内容的债权和所有权资产。金融资产通常包括现金、储蓄存款、外汇、货币黄金、股票、债券、投资基金和保险等，图 1 - 1 清楚地展示了家庭资产的结构。实物资产（非金融资产）是指家庭以消费或投资为目的而购买的、具有实物形态的各种财产，包括高档耐用消费品、汽车、房屋、实业投资、收藏品等。从理论上来说，无论家庭决定持有金融资产还是实物资产，都是遵循效用最大化的原则，在消费、储蓄和投资之间做出合适的安排。在进行资产配置的时候既要满足家庭生活的必要需求，还要兼顾各种资产的流动性、风险和收益等因素。

---

① 刘楹. 家庭金融资产配置行为研究 [M]. 北京：社会科学文献出版社，2007.

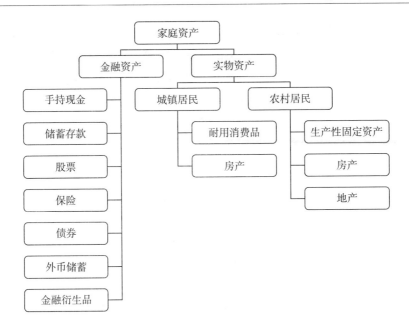

图1-1 家庭资产结构

按资产的风险大小，家庭资产还可以分为风险性资产和非风险性资产两大类。风险性资产包括股票、公司债券、外国债券、房地产投资和实业投资等，大多是为了满足保值和价值增值。非风险性资产包括现金、储蓄存款、自住的房产、汽车等，大多是由平衡消费需求或防范不确定性事件而产生的。在这些资产中有一个非常特殊的资产——房产，它从形态上属于实物资产，从功能上既可以满足自身需求（非风险性资产），又可以达到保值或者增值的目的（风险性资产）。房产在世界各个国家都属于配置比例较高的资产，中国也不例外，但具体的数值和变动方向还是有所不同。

（四）资产配置、资产替代、资产选择

家庭资产战略配置（简称资产配置），有学者又将其称为最优投资决策（Optimal Investment）或资产组合管理（Portfolio Management），是指家庭基于一定的投资目标和投资的限制因素，而采取的一系列投资策略[1]，在生命周期中为

---

① ［美］兹维·博迪. 投资学（第7版）［M］. 北京：机械工业出版社，2012.

其实现财富效用最大化而选择的长期资产组合的结构。资产配置的过程通常可以分解为两个环节：首先，家庭投资者会根据家庭个性特征明确投资的收益率－风险目标，并确定哪些资产类别进入资产组合的范围；其次，根据宏观经济状况构造在可容忍的风险水平上能提供最佳收益率的最优资产组合，这就是资产配置；最后，在整个生命周期内还要对资产组合进行动态调整，以期获得高于静态资产配置（即战略资产配置）所提供的收益率，这种对资产组合的动态调整就是资产替代。总之，资产配置理论主要考虑风险、收益对资产组合的影响。而对于大多数的家庭投资者来说，这些经济活动都是在依靠直觉和有限经验知识的基础上不知不觉完成的，对资产组合的收益与风险并没有具体刻画出其数值。

资产替代（资产组合调整）是指家庭为了适应市场条件变化引起的资产收益率和风险结构的失衡，对资产组合进行短期调整，减持价值被高估的资产，增持价值被低估的资产的套利行为。可替代资产的出现以及持有货币机会成本的变化可能引起资产替代；各种资产之间相对收益率的变动也可能引发资产替代。这种替代既包括本币与外币之间的替代，也包括货币资产和非货币资产之间的替代。长期以来，人们把资产替代视为微观经济主体的投资选择行为，而往往忽视了它对宏观经济运行的重要影响。从宏观经济看，公众资产组合的调整往往对经济运行产生深远的影响，它影响储蓄与投资、消费的比例以及货币乘数与货币需求，进而影响总需求和物价。[①] 家庭的资产替代是家庭对资产的一种选择，也是在生命周期内对资产组合的动态调整。家庭通过资产替代来实现财富的保值和增值，同时，家庭的资产替代对宏观经济也会产生一系列的影响。宏观经济包含许多领域，家庭资产配置对宏观经济的影响涉及方方面面的内容，有正面的影响，也有负面的影响。

资产配置和资产替代是密切联系的，资产替代的结果是使资产组合结构向资产战略配置目标趋近，换言之，资产战略配置的目标是资产替代的参考坐标系，资产替代是实现资产战略配置目标的调整过程，资产配置和资产替代都会对宏观经济运行产生深远的影响。资产配置和资产替代又有区别，资产战略配置在一定时期具有相对稳定性，而资产替代是动态的。

资产选择是在若干种可供选择的资产（如股票、债券、外汇、不动产和实业

---

① 邱崇明，张亦春，牟敦国. 资产替代与货币政策 [J]. 金融研究，2005（1）：52－64.

投资等）之间进行决策，确定是否投资某类资产以及投资多少金额，目标是使投资者最终持有的资产整体收益尽可能高，风险尽可能低。资产选择是资产配置的基础，多证券的资产选择又被叫作资产组合，这一概念用于静态的资产配置，不考虑家庭的特征，也不考虑家庭整个生命周期的投资变化。资产选择是资产替代的依据，每一次资产替代都是资产再选择的过程。在其他的文献中，大多将资产选择看作资产配置与资产替代的统一，本书为了厘清两者之间的差别，更好地描述家庭资产选择的整个过程，因此将三个概念进行区分。

三、研究思路、内容结构和研究方法

（一）研究思路

本书的研究思路如图 1 – 2 所示。

（二）研究方法

1. 对比研究的方法

在研究中国家庭资产配置的特点时运用对比研究的方法，纵向对比了中国家庭资产配置的历史变迁，横向对比了美国、欧洲和日本家庭资产配置的特点，为制定引导家庭资产合理配置的宏观经济政策提供事实依据。

2. 实证研究的方法

运用 Probit、Tobit 多元线性回归模型，考察在控制传统影响因素的情况下，互联网金融对家庭金融市场参与概率、金融资产占比的影响；用 TVP – VAR 模型检验股票资产超额收益率、房地产市场超额收益率与资产替代和资产配置中储蓄存款占比之间的相互关系，得出资产超额收益率与资产配置结构之间具有互动关系；通过构建门限回归模型寻找家庭债务水平的阈值，用 SVAR 模型，将家庭负债与非金融企业负债、固定资产投资、消费和生产总值纳入一个系统，联动分析各变量之间的相互影响，得出"虽然短期内家庭债务的增加能促进消费，但长期而言，负债的积累会增大人们的债务压力，降低消费，非金融企业减少投资、降低生产"的结论。

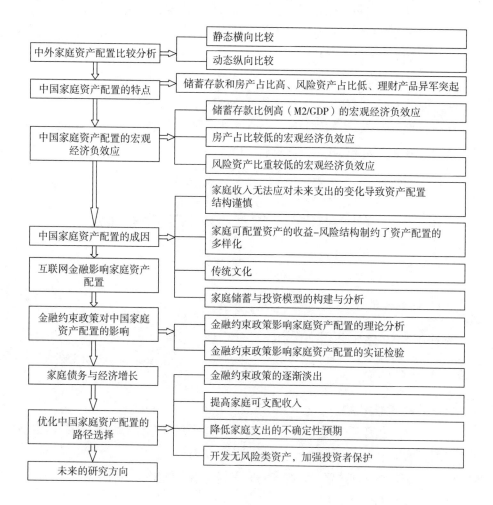

图1-2 本书思路

3. 模型构建与理论分析的方法

借助家庭消费与投资模型分析收支风险、无风险类资产供给匮乏和风险资产的低风险溢价在家庭资产配置中的作用。

构建附加金融约束政策的家庭消费与投资模型——对一般的家庭消费与投资模型的拓展,通过模型分析金融约束政策在家庭资产配置中的重要作用。

结合宏观经济学、制度经济学和金融学理论分析了家庭资产配置的宏观经济负效应,家庭资产配置的成因和金融约束政策对家庭资产配置的影响。

（三）结构安排

基于以上研究思路，本书共分为十章，各章的主要内容阐述如下：

第一章主要阐述论文的选题背景和研究价值，概述论文的研究思路、论文框架和研究方法，以及论文研究可能实现的创新和尚存的不足。

第二章从五个方面展开：①资产配置；②资产替代；③家庭资产配置的宏观效应；④金融约束理论；⑤家庭债务与经济增长。

第三章为中外家庭资产配置结构的比较分析。一国的经济发展和金融发展会对该国居民家庭的资产配置行为产生很大的影响。世界各国的经济发展水平不同，金融发展阶段也不一致，这势必使家庭资产配置行为各具特色。同时，在过去的20年中，世界范围内的居民家庭资产配置行为发生了翻天覆地的变化，家庭资产中现金、存款的比重开始下降，风险资产的比重逐渐上升，家庭资产配置中的品种日益多元化，如理财产品、黄金、玉石、艺术品、邮票、酒、古董，甚至一些大宗的农产品也成为家庭投资的"新宠"。然而，房产从始至终占据着中外家庭资产中的第一大份额。本章从静态结构与动态变化趋势两个角度比较了中外家庭资产配置的异同，利用数据列示和图表分析的方法将异同点直观地呈现出来，从中归纳出中国家庭资产配置的四大显著特征：储蓄存款比重高、房产比重高、风险资产占比较低和理财产品的日新月异。

第四章主要分析关于中国家庭资产配置特点的宏观经济负效应。本章围绕中国家庭资产配置的四大特征逐一分析了家庭资产配置所产生的宏观经济负效应：

第一，银行储蓄高企使家庭资产大量囤积在以国有银行为代表的银行体系，使得银行部门能够肩负起为"体制内"经济体输血的重担，然而这一角色有悖于市场化要求，使得储蓄存款沉淀最多的国有银行运行低效且将企业经营风险集中在银行。储蓄存款通过银行体系以贷款的名义投入"体制内"的经济体，使获得最多贷款支持的国有企业融资效率低下。

第二，房产占比过大挤占了家庭对其他资产的配置，挤占了消费，大大降低居民家庭的幸福感，居民普遍认为自己处于社会不富裕阶层。

第三，风险性金融资产占比较低不利于金融稳定和内外均衡的实现。对宏观金融调控来说，股市不仅是实现资源优化配置的一种机制，而且作为资产池，一个健康的股市能吸收大量的流动性，对缓冲通胀压力和缓解内外均衡冲突具有非常重要的意义。而中国股市的"圈钱"性质使它成为吞噬家庭巨大财富的黑洞，投资者避而远之。近年大量热钱涌入，通货膨胀压力和人民币升值压力日显，本外币政策目标冲突，迫切需要利用股市来减轻内外均衡矛盾时，股市却难当此重任。

通过以上的分析我们发现，对于中国的家庭来说，除了将大笔资产放在银行和房子上，其他的投资渠道很少，由此形成的后果便是消费不振，扩大内需受阻，消费不足已经成为中国经济发展的瓶颈。

第五章是中国家庭资产配置特点的成因分析。本章继续围绕中国家庭资产配置的四大特征，从三个方面分析了四大特征形成的原因：家庭收入无法应对未来支出的变化导致资产配置结构谨慎、家庭可配置资产的收益——风险结构制约了资产配置的多样化、传统文化影响了家庭资产配置的结构，这三个方面提取了当前中国家庭资产配置成因分析的主要观点。并引用一个建立在 CARA 型效用函数基础上的家庭消费与投资模型，论证家庭收支风险、无风险类资产供给不足和风险资产溢价偏低会对家庭的资产配置结构产生影响进而形成高储蓄、高房产和低风险资产的特征。

第六章为互联网金融影响家庭资产配置的实证分析。本章在研究影响家庭资产配置的模型中加入衡量互联网金融发展指数的变量——北京大学分省互联网金融发展指数，探究互联网金融发展程度对家庭资产配置的影响。采用 2015 年中国家庭金融微观调查数据 CHFS，借助 Probit、Tobit 多元线性回归模型，重点考察在控制传统影响因素的情况下，互联网金融对家庭金融市场参与概率、金融资产占比的影响。实证结果表明，互联网金融与股票市场、理财产品市场参与概率以及金融资产占比均存在显著的正相关关系。具体而言，互联网金融发展水平越高，家庭投资风险性金融资产的概率越高，家庭金融资产中股票、风险资产占比及金融资产占比也越高。

第七章是关于金融约束政策影响家庭资产配置的理论分析。本章将金融约束政策分为价格型政策和数量型政策：价格型政策形成低利率的局面，数量型政策的直接后果是限制竞争。金融约束政策导致房地产市场和股票市场的收益率结构失衡：居民从存款市场"逃离"，用房地产来作为保值增值的手段，造成房地产热；股市金融约束政策造成对投资者保护不力，股票资产在家庭资产配置中所占比例远低于发达国家。接着将上一章的 CARA 型效用函数改进为更符合现实的CRRA 型效用函数，并引入金融约束政策对原模型进行拓展，得出风险资产的超额收益率、金融约束政策的冲击与风险资产超额收益率之间的相关性、金融约束政策发生的概率等因素对家庭持有风险资产的比例具有重大影响。

第八章是金融约束政策影响家庭资产配置的实证检验。本章用 TVP - VAR 方法深入分析了房地产超额收益率、股票超额收益率与资产替代和资产配置中储蓄存款占比的相互影响。资产配置结构是资产替代的结果，在两组实证结论中，两者表现出统一性：大力发展资本市场可以降低家庭资产配置中储蓄存款的占比，并鼓励形成多样化的资产配置结构；有效控制房地产市场也可以降低储蓄存款占比，解放家庭的财务约束，为其他消费行为做准备。

第九章是家庭债务与经济增长的实证分析。本章通过分析家庭债务的增加如何影响经济增长来说明当前将非金融企业杠杆率转移到家庭并非明智之举。居民过度投资房地产，一旦房价的上涨预期发生改变，大量资产廉价抛售会致使居民资产负债恶化，更多的违约致使破产现象发生，进而引发金融体系的系统性风险；居民过度加杠杆带来债务压力对消费造成挤压，社会总需求下降，企业不得不降低生产、减少就业，居民收入水平的下降进一步削减消费，负反馈使经济发展陷入困境。接着，用门限回归模型求出家庭杠杆率的阈值是 0.31，自 2013 年，我国居民杠杆率大于 0.31 后，无论是居民杠杆率自身还是居民消费对经济增长的促进作用都有了明显下降。将非金融企业杠杆率、居民杠杆率、固定资产投资、居民消费和生产总值纳入 SVAR 模型，联动分析各变量的相互影响后发现，虽然短期内居民杠杆率的增加能促进消费，但长期而言，经济发展一旦出现回落，就不能为非金融企业去杠杆提供有利环境。

第十章是结论与对策建议。

(四) 可能的创新与不足

(1) 本书探索了家庭资产配置的宏观经济效应，将微观的家庭资产选择行为引入宏观金融调控有效性研究。

(2) 本书比较了有中国特色的资产选择行为和国外的资产选择行为的差异，得出金融约束政策所引起的收益率结构失衡是造成中外家庭资产配置差异的重要因素。

(3) 本书结合中国国情，在 CRRA 型效用函数中纳入金融约束政策进行拓展，得出风险资产的超额收益率、金融约束政策的冲击与风险资产超额收益率之间的相关性、金融约束政策发生的概率等因素对家庭持有风险资产的比例影响重大；借助 TVP - VAR 方法实证检验了金融约束政策对资产替代和资产配置中储蓄存款占比的相互影响，从而说明收益率结构失衡影响了家庭的资产配置结构。

（4）本书的不足之处：因为无法获得中国家庭资产配置的微观数据，所以本书没有对金融约束政策影响家庭资产配置结构进行直接的实证检验；也没有考虑家庭遗产、子女抚养和老人赡养的问题，"传宗接代""养儿防老"等传统观念在中国的根深蒂固使得大家庭在经济活动中的作用远远大于个人的作用。因此，以家庭为单位进行建模是未来要研究的方向；将行为金融的理论引入家庭金融学是当前理论界的前沿，限于能力，笔者没有进行该方面的探索；在家庭资产替代中可以考虑实验金融学的思想进行动态模拟。

第二章　文献综述

居民的微观资产选择理论可以分为宏观经济理论、现代资产组合选择理论、不完全市场下的最优消费和资产组合选择理论、房产模型、行为投资组合理论（BPT）以及有关上述理论和模型的国内外实证研究。宏观经济理论中的流动性偏好和消费－储蓄理论所研究的对象其实并不是资产选择，但是它们厘清了持有货币的几种目的以及与这几种目的相关的财产形式，在消费－储蓄的关系中可以发现消费和资产选择是相互关联的，它所引出的消费支出规划的思想也为后来的以居民一生为考察周期来最大化其效用的生命周期理论奠定了基础。接下来的现代资产组合选择理论从单期和多期两个角度考察了人们的资产组合选择，得出最优的投资和消费选择策略以及理性经济人会持有相同的资产组合，其风险投资量与财富无关的结论，这显然是一个与现实相去甚远的结论。进而拓展到不完全市场对资产选择的影响，最典型的是包含了收入风险和流动性约束的资产组合选择，他们都可能降低人们对风险资产的投资，而增加安全资产的比例。房产模型将房产作为一类特殊的风险资产加进资产组合的选择，其特殊性在于它是少数几项被允许借款投资的资产之一；买卖房产的交易成本很高；投资相对不能多样化；房产既是消费品也是投资品。大多数包含房产的模型都增强了模型的预测力，这也证明了房产在个人组合中的重要性。20世纪90年代以来，资产组合选择理论开始从投资者偏好异质性、环境异质性或两者结合的原因来解释家庭金融资产选择行为。通过将行为金融理论与传统金融理论相结合，形成了行为资产定价模型（BAPT）和行为组合模型（BPT）。引入行为因素后的最优投资组合与传统资产组合理论中的均值方差有效边界并不一致。行为投资组合理论是学术界研究居民资产选择的一个新视角。最后，国内外的学者都从实证角度对家庭资产选择的理论基础、影响因素和宏观效应做了分析。

与资产替代最接近的是货币替代理论，该理论是从微观主体资产选择角度探讨货币政策有效性的理论，具体包括格利和肖（Gurly 和 Shaw，1960）的货币理论、拉德克利夫（Radcliffe，1959）报告、托宾（Tobin 1963）的内生货币供应理论，以弗里德曼为代表的货币主义传导机制理论、货币替代理论和明斯基的金融资产"换位"理论，但他们并没有从资产选择的角度探讨货币替代如何影响宏观金融。

　　家庭资产配置对宏观经济影响的重要性被一些学者证实过，但对家庭资产配置宏观效应的研究在国内外的文献中鲜有出现，大多探讨的是家庭债务对金融稳定的影响。本书将探讨家庭资产配置的宏观经济负效应，欲将微观的家庭资产选择行为与宏观的经济政策相结合，在政策方面基于金融约束的视角，因此，文献部分也将涵盖金融约束理论。囿于房地产市场近 20 年的高速增长，家庭债务与经济增长的问题是近些年国内研究的热点，本章最后一部分整理了该问题的相关文献。

一、资产配置

（一）宏观经济理论

　　涉及家庭资产配置的宏观经济理论包括流动性偏好理论、消费－储蓄理论和生命周期理论，这些理论为家庭资产配置的成因分析奠定了基础。

　　在凯恩斯的流动性偏好理论中，将个人资产的利润最大化作为投机动机的基础，将不确定情况下的风险厌恶作为预防性动机的基础。这种理论开创了资产选择行为理论，即人们可供选择的财产形式有哪些？人们为什么要在他们的全部资产中持有货币？尤其是由预防性动机产生的预防性需求学说更是构成说明人们在不确定情况下资产选择行为分析的理论框架（胡进，2004）。

　　消费－储蓄理论主要解释了家庭资产配置的第一个决策，即如何在消费和储蓄之间分配资源的问题。消费－储蓄理论是关于消费支出规划的理论，并不是真正意义上的资产选择行为理论。家庭消费与储蓄行为的经济模型通常假设家庭的金融决策是要将一生的收入流分配以保证一生的最优消费模式。自亚当·斯密开始，人们就关注居民储蓄问题。Hochguerte（1998）的资产选择研究表明，受流动性及短期出售限制，家庭的消费行为与资产选择是不可分离的：预期未来收入会下降的家庭，为了维持一定的消费水平，会选择流动性强和没有短期出售限制的资产。家庭最初的组合没有包含股票，后来由于股权溢价而愿意进入股市，因为他们预期持股引起的消费变动不会超过股权溢价（Arrow，1974）。伴随着金融市场的巨大发展，持有股票的家庭日益增多，家庭资产选择行为的研究工作开始从简单的消费－储蓄选择转向同时研究支出规划与资产组合构成的决策，开始强调从微观层次上解释家庭金融资产的选择行为。具体有 Keynes（1936）绝对收入假定消费函数，Duesenberry（1949）相对收入假定消费函数、Friedman（1957）持久收入假定消费函数、理性预期的消费函数，这些理论分别给出了消费支出效用最大化的不同函数形式。这些理论指出居民配置资产受到当期可支配收入、储蓄倾向、过去的消费习惯及收入预期的影响。

绝对收入假定不考虑行为人对预期收入或对时间的偏好，所有的消费由当期收入决定。相对收入假定从"示范效应"和"棘轮效应"两个方面考虑消费－储蓄的特征。持久收入假说将行为人的收入分为持久收入和暂时收入两个部分：持久收入是剔除掉经济中的短期因素和随机因素冲击，行为人能够获得的长期稳定收入；暂时收入是偶然性的、暂时性的收入，行为人当期消费是由当期收入和长期预期收入共同决定的，如果收入冲击来源于暂时性因素，则增加的收入会被储蓄起来，所以，储蓄是用来平滑消费的。理性预期理论认为每一个经济决策都是在现存状态下关于未来的预期，当行为人预期未来的收入将下降或者未来的消费将增加时，行为人会减少当前的消费，为未来的支出进行储蓄，反之亦然。

Modigliani（1954）生命周期理论的主要思想是行为人在长时间范围内计划消费和储蓄的行为，以实现整个生命周期内消费的最佳配置和效用现值的最大化。Leland（1968）在持久收入和生命周期假说的基础上，建立了两期模型，将不确定性引入消费函数，提出当效用函数的三阶导数为正的时候，边际效用为凸函数，行为人预期未来的消费会大于当期消费，从而形成预防性储蓄。Millar（1974）将两期模型拓展为多期模型，得出凸边际效用函数（即效用函数三阶导数为正）是存在预防性储蓄的必要条件。

综上所述，宏观经济理论实际上是有关行为人消费支出的理论，并不是真正意义上的资产组合选择理论，Hochguerte（1998）的研究表明，受流动性约束和短期出售的限制，行为人的消费和资产选择密不可分，储蓄以何种资产的形式存在能够最大化效用现值且实现消费的最优模式，在跨期的框架下，未来的收入来源于工资和投资回报，当期的消费决定当期的投资，投资的形式决定了未来的投资回报，因此行为人要权衡消费和投资的关系。这些都为后来的现代资产组合选择理论奠定了坚实的基础。

（二）现代资产组合选择理论

从 20 世纪 50 年代开始，绝大部分的家庭资产组合的理论研究强调在无风险金融资产和风险资产之间的选择（Guiso，2000），由于当时的风险金融资产主要为股票，民众开始研究和关注两个问题：第一，家庭如何决定其是否参与股市；第二，在参与股市后，投到股市的比例是多少。

马科维兹的均值－方差模型是现代资产组合理论的标志：Fisher（1906）首次提出未来资产收益的不确定性可通过概率分布来描述。此后，Marschak（1938）、Uicks（1946）等学者经过一系列的研究表明，投资者的投资偏好可以看作是对投资于未来收益的概率分布矩的偏好，可以用均方差空间的无差异曲线来表示，并发现大数定律在包含多种风险资产的投资中将发挥某种作用。此外，还提出了风险溢价（Risk Premium）这一重要概念。1952 年，Markowitz 在 *Journal of Finance* 上发表了一篇题为 *Portfolio Selection* 的论文，创立了一套完整的（均值－方差）分析框架，最早采用风险资产的期望收益（均值）和以方差（或标准差）表示的风险来研究资产的选择和组合问题。

1963 年，Sharpe 发表了题为 *A Simplified Model for Portfolio Analysis* 的文章，提出单指数模型，使现代资产组合理论的运用成本大大降低。单指数模型的基本思想是股票价格由于某共同因素的作用而有规律地上升或下跌。只要投资者知道每只股票的年收益与市场年收益之间的关系，就可以得到与 Markowitz 复杂模型相似的结果。

进入 20 世纪 60 年代，以 Sharpe、Lintner 和 Mossin 为代表的一批学者以 Markowitz 的均值－方差理论为基础，将有效市场理论（EMH）和均值－方差理论结合起来，进一步研究了市场微观主体的共同行动将导致怎样的市场状态。他们先后在 1964 年、1965 年和 1966 年得出了有关资本市场均衡时证券价格形成的相同结论，建立了一个以一般均衡框架中的理性预期为基础的投资者行为模型，即著名的资本资产定价模型（CAPM 模型）。在允许借贷的投资组合选择问题中，任何有效的证券组合都可以看成是无风险资产与风险资产的线性组合，即位于资本市场线上的点，此处的风险资产是所有的可交易证券的组合，又被称为市场组合。因此，这一模型暗示所有的经济人都会持有无风险资产和市场组合，但两者的比例不同。Merton（1972）用市场投资组合的零 β 伴随组合的期望收益取代原先的无风险利率构造了零 β 模型，可以用来解释一些证券收益偏离 CAPM 模型预测的现象。CAPM 模型只考虑单期资产选择行为，但是对于长期投资者的资产组合行为则不能给予很好的解释。Samuelson 和 Merton（1969）在投资组合理论的基础上将投资组合问题拓展到多期，他们得出了投资者多期投资行为与单期投资行为一致的结论，即人们在每一个投资期投资于风险资产和无风险资产的财富比例是一定的。这个结论意味着家庭的投资选择既独立于年龄又独立于他们的财富。多期问题既可以用离散时间的方法来解决，也可以用连续时间的方法来解决。离散时间模型考虑个人在某些固定的时点上作出的投资决策，而这些时间之间的间隔是任意选择的。运用离散模型分析的经济学家有 Samuelson（1969）、Hankansson（1970）、Fama（1970）、Long（1974）、Dieffenbach（1975）、Kraus 和 Litenberger（1975）、Lucas（1978）等。Merton（1969，1977）开创性地提出连续时间下消费和资产组合选择的最优化问题，将动态规划方法运用于最优投资和消费选择策略的求解，给出连续时间下两类资产的最优投资和与消费问题的解决方法。得出的结论是，在效用函数为常数相对风险厌恶下，投资于风险资产的财富是一个与财富无关的常数，这意味着个体投资于风险资产的份额不变，这与现实往往相悖。

利用因素模型和无套利条件相结合可以得到一个期望收益与风险的简单关系，这种风险 - 收益平衡的方法被称为"套利定价理论"。Ross（1976）在 *Journal of Economic Theory* 上发表题为 *The Arbitrage of Capital Asset Pricing* 的文章，提出了套利定价理论，简称 APT 模型。CAPM 模型和 APT 模型给出了一个收益率的基准线，可以用于资本预算、证券估值或者投资绩效评价。APT 模型突出资本市场中的理性均衡会消除套利机会，在实践中充分分散的投资组合可以由大量证券来构造，最终产生期望收益 - 贝塔关系。CAPM 模型建立在均值 - 方差有效的基础上，如果任何证券背离了期望收益 - 贝塔关系，那么投资者将改变投资组合使这种关系重新得到恢复。考虑到风险的多维性，可以将单因素模型推广到多因素的 APT 模型，单因素 CAPM 模型扩展到多因素时被称为跨期资本资产定价模型（ICAPM）。相比之下，多因素的 APT 模型不能记录相应的系统风险，而 ICAPM 模型可以，它通过大量投资者试图抵消的风险因素来确定。

家庭资产配置、资产替代与宏观金融调控的有效性

总之，现代资产组合选择理论预测人们将财富投资于风险资产的数量取决于各自的风险厌恶程度，风险厌恶程度的差异决定了人们将财富分配到无风险资产和市场组合中的比例。传统理论与家庭资产配置现实之间的差距引起学者们对资产选择问题的拓展研究，投资者偏好异质性、劳动风险、人口统计特征、流动性约束和交易摩擦等因素被逐渐纳入研究。

（三）现代资产组合选择理论的拓展研究

许多早期的模型都预测绝大多数家庭会持有一些股票，大多数模型都预测家庭不论富有还是贫穷，都持有同样的资产组合。但实证研究发现股票市场参与率远远低于早期资产组合理论的经济模型所预期的水平（Bertaut，1998；Guiso Haliassos 和 Bertaut，1995；Vissing – Jorgensen，2002）。这种反差形成的原因在于，资产选择理论开始是作为理解金融资产配置的工具，因而并没有注重家庭财富的其他组成部分，如房产、人力资本等，如果人们将财富投资于房产或者进行继续深造，则可以用来买股票的部分就减少了，股票参与率自然就下降了。此外，大多数文献都将兴趣点集中于资产定价，特别是股权溢价之谜，而不集中于家庭资产组合的现实。解释早期资产组合理论模型和家庭资产组合现实之间的差距成为家庭资产选择研究主要关注的领域。本书将拓展研究分为劳动收入风险、流动性约束、房产模型三个部分。

1. 劳动收入风险与资产组合选择

Merton（1971）引入工资收入发现，理性投资者将以无风险利率将其工资资本化（即可为其工资收入的风险保险），将工资总额作为投资于无风险资产组合的补充。显然将工资引入简单模型将导致家庭资产组合中的风险资产更多，也会使得他们在老年时更迅速地减少风险性金融资产的数量，从而与实际情况相差更大。Koo（1995）在一个无限期的离散时间背景下，指出流动性限制和不能保险的收入风险减少了消费以及风险资产投资。Cocco、Gomes 和 Maenhout（2005）从数量上解决了异质工资收入风险的生命周期资产选择行为，发现当工资收入变化与股市回报的相关性为正且低时，股票占金融财富的最优比例通常随年龄递减。劳动供给的数量可以是家庭自主选择的变量而不是外部给定的。但长期以来劳动供给弹性和资产选择的关系都被忽略了。Merton（1969）指出，如果在连续时间生命周期的消费、储蓄和休闲选择模型中考虑劳动供给弹性，风险资产的持有就会受到正向的影响，即劳动供给弹性较高的个人会持有较多的风险资产。

Bodie、Merton 和 Samuelson（1992）劳动资产和资产组成的关系进行了拓展，研究劳动供给弹性如何影响最优的资产组成，结论是年轻人（具有较大的劳动供给弹性）会比年龄较大的人进行更多的风险投资。不管在什么年龄，个人的人力资本越有风险，其投资于风险金融资产的比例越低。Heaton 和 Lucas（1997）、Koo（1998）和 Viceira（2001）等学者采用无限期界模型，考察了劳动收入风险对资产组合选择的影响。Viceira 和 Letendre（1998）、Smith（2001）发现短期收入冲击对资产组合选择只有很小影响，因此，Camepell（2002）研究了持久收入冲击对行为人资产组合选择的影响，得出在常数相对风险回避的效用函数下，具有劳动收入风险的行为人会比没有劳动收入风险时更倾向于选择安全性资产。Tsai 和 Wu（2014）表示劳动收入的波动性以及劳动收入与风险资产回报之间的相关性是影响最优投资组合决策的重要因素。

2. 流动性约束与资产组合选择

Paxson（1990）讨论了"借贷约束"是如何影响个人在流动性资产和非流动性资产之间选择的问题。他提出，当借贷约束是外生的，那么行为人可以通过持有更安全、流动性更强的资产来避免，这意味着流动性约束会增强收入风险对资产组合配置的影响。Deaton（1991）发现存在借贷限制时，储蓄和资产积累对消费者所预期的收入产生的随机过程特别敏感，若经济人的收入波动是长久的，那么他们将持有一些资产来使其免受收入波动风险的影响。Cocco 等（2005）拓展了这一模型，该模型中的经济人消费时较无耐心（表现为其隐性贴现因子大于无风险利率）、风险厌恶很高、股票风险溢价定在 4%（在美国该数值相对较低）。尽管他们的假设是低股票风险溢价、高风险厌恶，经济人在其大部分时间里仍将超过 60% 的财富投资于股票，其模型也预测所有的经济人都持有相同的组合配置，所有经济人在所有时间都持有股票，这些都与现实不符。

不论是加入了劳动收入风险的资产组合选择还是存在流动性约束的资产组合选择，都可能降低人们对风险资产的选择，而增加安全资产的比例。

3. 房产模型

对大多数家庭而言，房产是很重要的一项资产，将房产包括进模型的一个方法是将其作为风险资产（Bodie，1992）。Cocco（2005）研究了包含房产的资产配置决策，发现房产排挤了投资者持有股票的意愿，特别是对于年轻的投资者，他们的房产几乎接近其总的金融财富。Hu（2003）发现，中青年人的家庭不论是否拥有房产，持股量都比不包含房产的传统模型所预测的要少得多。大多数包含房产的模型所预测的家庭参与股市的水平都接近实际现象。因此，将房产加入组合选择模型增强了模型的预测力，这也证明了房产在个人组合中的重要性。

（四）行为投资组合理论（BPT)

经典投资组合理论以投资者是理性的、风险厌恶的、最大化（客观）预期效用为前提，承认市场是有效的。但是大量的实证研究发现，市场和投资者行为并不像经典理论所描述的那样，因此实际的决策行为并不与预期效用理论所描述的相一致。对这些假定的改造，新近的一个研究方向是行为金融。

前景理论（Prospect Thoery）（Kahneman 和 Tversky，1972，1973）认为，投资者并非完全理性，现实中人人都是风险厌恶的，人人又都是冒险家。行为金融理论认为，部分投资者因非理性或非标准偏好的驱使会作出非理性的行为，而且具有标准偏好的理性投资者无法全部抵消非理性投资者的资产需求。基于此，Shefrin 和 Statman（1994）提出了行为资本资产定价模型（Behavioral Capital Asset Pricing Model，BAPM)，对传统的 CAPM 进行了调整。BAPM 将投资者分为信息交易者和噪声交易者两种类型。信息交易者即 CAPM 模型下的投资者，是"理性投资者"，他们通常不犯认识性错误并且具有均值方差偏好；而噪声交易者由于信息不充分，会犯各种认知偏差错误，没有严格的均值方差偏好。金融市场上资产的价格由这两类投资者共同决定，当信息交易者在市场上起主导作用时，市场是有效的；当噪声交易者在市场上起主导作用时，市场是无效的。因此，BAPM 不仅反映了市场理性行为的基本风险，也反映了非理性行为的噪声交易者风险。

Shefrin 和 Statman（2000）以前景理论为基础，提出了行为投资组合理论（Behavioral Portfolio Theory，BPT)。BPT 包括单一心理账户（Single Mental Account）和多个心理账户（Multiple Mental Account）两种形式，其中单一心理账户投资者关心投资组合中各资产的相关系数，他们会将投资组合整合地放在一个心理账户中；而多个心理账户投资者会将投资组合分成不同的账户，忽视各个账户之间的相关关系。这时投资者不再把资产组合看成一个整体，而是投资于具有金字塔形层状结构的资产组合（这里的层就是前面提到的心理账户)，每一层都对应着投资者特定的投资目的和风险态度，一些资金投资于最底层用以规避风险，其投资对象通常是短期国债、大额可转让存单、货币市场基金等收益稳定、风险较小的证券。另一些资产投资于更高层来争取更大的收益，其投资对象通常是成长型股票、外国股票、彩票等高风险高收益的证券，同时各层间的协方差被忽略了。

Curtis（2004）对现代投资组合理论和行为投资组合理论作了比较。他认为二者本质的区别在于是否假设投资者"完全理性"。现代投资组合理论以投资者是理性的、风险回避、预期效用最大化，以及在此基础上形成的相机抉择为前提，承认市场是有效的。而行为组合理论认为，投资者是有限理性的，在进行风险决策时并不按照贝叶斯法则进行，而是采用简单而有效的直观推断。两种理论各有优缺点。Das 等（2010）认为 Markowitz 的均值 - 方差理论（MVT）与 Shefrin 和 Statman 的行为投资组合（BPT）是殊途同归的，他们用数学方法将 MVT 和 BPT 整合到一个新的心理账户模型（MA）中，证明了 MVT、MA 和 VaR 的风险管理模型在数学上是等价的。

行为金融理论旨在否定现代金融理论的市场有效性假说和理性人假说，主要研究人们在投资决策过程中认知、感情、态度等心理特征，以及由此引起的市场非有效性。

（五）家庭金融资产选择行为的实证研究

西方国家对家庭金融资产的研究从纯理论推导开始，随后，学者们开始注重实证研究。方法上以计量经济学的研究方法为主干，结合交叉分析、相关分析、均值比较、方差分析等方法。早先的计量模型为多元线性回归模型，也有学者将某一标志变量取值进行分组，对比这些分组数据对同一模型回归的结果，以分析分组标志变量对金融资产总量与结构的影响。20 世纪 90 年代以来，有的学者在家庭金融资产的研究中建立 Tobit 模型，最新的研究采用了面板数据进行动态回归，这类模型中既包括家庭的人口统计特征，还包括利率、GDP 等动态的宏观经济变量（史代敏，2012）。

1. 国外研究

（1）生命周期理论。

Vanderhei（2002）、Holden 和 Vanderhei（2003）分析了 1996 ～ 2003 年大量 401（k）计划参与者的年末截面数据，发现退休账户中存在资产配置的年龄模式：通过股票基金、公司股票及平衡基金持有的股票的平均比例从 20 多岁的 77% 下降到 60 多岁的 53%；相反，固定收益投资从 20 多岁的 22% 上升到 60 多岁的 46%。Bertaut 和 Starr - McCluer（2002）用消费者金融调查的截面数据来研究美国的资产配置模式，其回归分析发现年龄效应在决定是否持有风险性资产方面是显著的，但是对于持有风险资产比例方面的决策的影响不是很显著。Agnew、Balduzzi 和 Sunden（2003）使用 1994 ~ 1998 年 401（k）计划的四年的面板数据，回归中包含了观察日期效应和年龄效应，发现年龄对股票持有比例有负面影响：年龄每增加一年股票投资就减少 93 个基本点。这与理财顾问的意见接近，即年龄每增加一年则减少股票投资 1%。

生命周期理论的主要实证成果在于研究年龄与风险资产投资之间的关系：第一，年轻人面临更多人力资本方面的背景风险，促使他们不买股票。当进入中年时，收入的不确定性减少了，他们就会承担更多的金融风险（Gollier，2001）。第二，中青年人比老年人有更大的劳动供给弹性，所以如果投资回报比较低，他们就会选择更多工作或者更晚退休（Bodie、Merton 和 Samuelson，1992）。第三，年轻人承担较大的购房首付款。Flavin 和 Yamashita（2002）指出，由于年轻家庭的资产组合中主要是融资买入的房产，所以他们会把收入用于供款、投资安全资产，而不是购买股票。相反，较老的家庭已经建立了自己的资产，其房产占净值的比率下降了，可以更多地投资股票。第四，老年所面临的某些不确定也会阻碍他们承担风险，如对寿命、健康风险或保健支出的不确定。第五，较年轻的家庭可能还没有学会风险投资的特性。King 和 Lea Pe（1987）指出，如果信息障碍限制了股市参与，而信息又随年龄的增加而增加，那么年长家庭的参与率就应越高。

（2）流动性约束与资产组合选择。

Lulgi 和 Guiso 等（1996）利用意大利家庭收入和财富调查数据（SHIW）研究投资者收入和借款约束对资产组合选择的影响，较全面地揭露了投资者的背景风险对资产选择行为的影响。他们选择收入的方差作为收入风险的代理变量，当期的信用供给作为借款约束的代理变量，实证分析表明，收入风险和借款约束都显著影响投资者的资产选择。

（3）影响家庭资产选择的因素。

在微观数据的研究中，家庭的人口属性特征（年龄、性别、受教育程度、收入状况等）对家庭资产选择的影响有大量的研究成果，但是结论并不一致。

①年龄。Samuelson 和 Merton（1969）的研究结论是资产组合的组成财富量以及年龄是相互独立的；Uhler 和 Cragg（1971）发现财富、年龄和家庭规模对家庭金融资产总量有显著的决定作用，而收入的影响并不显著；Ackert、Churchill 和 Englis（2001）表示个体的年龄会影响风险资产的构成，年长投资者的持股比

例较低；1994～1997 年 Fluwals、Elymann 和 Borsch – Supan（2004）通过荷兰中心储款调查一组夫妻分析家庭成员对晚年储蓄的态度和家庭储蓄与投资选择。他们发现，夫妻双方态度的主要决定因素是丈夫强制保险权；那些认为晚年储蓄和拥有更多自由资产同等重要的、有男户主的家庭，多数持有股票和全生活保险；妻子的收入占家庭收入比重越大，妻子对家庭储蓄和投资选择的态度就越重要。Shum 和 Faig（2006）使用 1992～2001 年美国消费者资产调查数据分析了哪些居民会持有股票，结果表明，股票持有者与财产、年龄、退休金以及来自投资的建议等方面的各种措施有着积极的联系，而消极方面则是无可避免的，诸如私人事务的投资风险，以及未来不再做出金融投资意向保证；Gao 和 Fok（2015）表示年龄、年龄的平方对储蓄和投资有相反的影响，借贷的倾向随着年龄的增长而降低。

②性别。Jianakoplos 和 Bernasek（1998）与 Sunden 和 Surette（1998）认为家庭资产选择是由女性的风险厌恶程度比男性更高决定的；Barber、Odean（2001）认为是女性不够自信限制了她们的投资交易。心理学表明在金融领域，男性比女性更自信；Jacobsen（2014）认为除了对风险厌恶中性别差异的传统解释之外，乐观或者金融市场感知风险的性别差异可能会导致男性攫取风险较高的资产；Bertocchi、Brunetti 和 Torricelli（2014）也表示家庭中妻子负责经济和金融决策的概率随着在年龄、教育和收入方面的增长变得越来越接近或甚至高于相应的丈夫收入的增加，意味着夫妻之间严格的经济差异并不是决定家庭资产分配的唯一因素。

③婚姻。Bertocchi、Brunetti 和 Torricelli（2010）联合性别和婚姻状况研究对金融投资的影响发现已婚人士对风险资产的投资倾向高于单身人士，这一现象在女性身上表现得更为明显，对于女性而言，婚姻是一种无风险资产，这使得已婚女性更倾向于投资风险资产。

④教育水平。Bertaut（1997）、Barber（2001）都认为教育水平间接影响资产选择，不过两位学者认为影响路径不一样，前者认为教育会影响投资者的风险偏好，后者认为教育水平通过影响收入间接影响投资资产选择；Gao 和 Fok（2015）表示教育水平影响家庭融资渠道的选择，受过高等教育的家庭成员更容易依赖正规渠道融资；Basnet 和 Donou – Adonsou（2016）研究发现，较高的教育水平可以降低信用卡负债。

⑤风险态度。Vissing 和 Jorgensen（2002）利用 PSID 数据，分别探讨了投资

者选择不参与股票投资以及股市参与者持有的股票组合不相同的原因。研究结果发现，投资者参与股市的可能性以及持股的比例都随着其非金融投资收入（Non - financial Income）的增加而增加，非金融投资收入的波动性增加则会减少参与股市的可能性和比例。Lee、Rosenthal 和 Veld - Merlcoulova（2015）表示个人的风险厌恶水平对未来股票市场回报的预期具有永久性和负面的影响。那些高度规避风险的人会放弃较高的股权溢价，因为他们的股票市场回报预期会受到他们风险厌恶程度的负面影响，从而阻止他们参与股票市场。

⑥金融素养。金融素养是衡量家庭金融知识水平的变量。Rooij、Lusardi 和 Alessie（2011）表示金融知识水平的提高会增加居民的股票参与度。Kramer（2012）也发现聘请财务顾问的投资者的投资组合更加多元化，并且风险较小。

（4）房产模型。

Cocco（2005）研究了包含房产的资产配置决策，发现房产排挤了投资者持有股票的意愿。Arrondel 和 Lefebvre（2001）将不同住所作为一种由资产建立的资产组合选择模型，对法国居民资产组合进行分析，发现随着年龄的增长居民投资房产的概率呈倒 U 形，这一结论符合生命周期理论；研究还发现低收入家庭更喜欢投资房产，可转让证券对富有家庭更具有吸引力，同时，居民对风险资产的需求受投资房产态度的影响很大。Ya 和 Zhang（2004b）使用 PSID 数据估计了家庭股票投资与家庭房产变量的关系，发现在收入和净值一定的情况下，较高的房产价值减少了家庭参与股票市场和股票投资的概率，而较大的抵押贷款则增加了家庭参与股票和持股的概率。Grossman（1990）、Yamashita（2002）、Cocco（2005）通过建立住房投资的生命周期模型研究表明住房会挤出股票资产投资。

（5）行为投资组合理论。

Hong、Kubik 和 Stein（2004）将社会互动因素纳入研究范围，他们认为家庭在进行资产选择时会参考其亲友或其他群体的意见，进而做出相似的投资决策。Gusio 等（2004，2005）的研究表明，如果投资者对金融机构、社会公共机构的信任度较高，那么他们则更愿意持有风险资产。Hong、Kubik 和 Stein（2004）考虑了社会互动，认为家庭会受身边所交往朋友和其他群体的影响，做出类似的资产配置（同群效应）。Guiso、Sapienza 和 Zingales（2005）用信任来解释对外界社会、金融机构等信任度高的家庭更情愿投资风险资产。

国外对家庭资产选择的理论研究与实证研究已经取得了一定的成果，宏观经济理论和现代资产组合投资理论为家庭资产选择奠定了研究基础，在经典投资模型的框架中,建立了一系列的假设前提:①无交易成本和税收,资产市场是无摩擦的,而且市场流动性是充分的;②不考虑背景风险和投资者负债等因素对投资者财富的影响;③投资者是预期效用偏好的;④信息是免费的,且能够自由流动。这些假定与现实复杂的金融市场和投资者行为不相吻合,使得资产组合理论难以应用于现实的投资决策。随后的拓展研究在不断放松假设的前提基础上得出了一些与现实情况更加贴切的研究成果:工资收入风险、不完全市场、房产、不同偏好结构。然而在这些文献中,大多研究成果来源于美国、欧洲等发达国家,这些国家拥有发达的金融市场和较深的经济市场化程度,社会福利水平、居民受教育程度都比中国更高,在研究中国的家庭资产选择问题时,一些学者以全国范围的居民部门金融资产选择作为研究对象,侧重研究对居民巨额储蓄的增长及其向投资转化。近年来,一些学者以地区居民部门的金融资产作为研究对象,研究地区家庭的资产选择问题。

(6)互联网金融与家庭资产配置。

互联网金融在国外出现的时间较早,在 20 世纪末国外已经有关于互联网金融方面的研究。Economides(1993)从网络经济学的角度分析互联网金融,认为这种虚拟的金融市场可以使交易双方的信息更加完整,促进交易达成,增加了金融资金的流动,另外,由于互联网平台交易成本较低,加速了金融市场的发展和规模扩大。De Young(2007)表示互联网技术的发展使得依托于互联网技术的银行的盈利性要高于传统银行,而且银行的存款明显从储蓄账户向基金等理财账户转移。Liang 和 Guo(2015)研究了社会互动与互联网接入两种信息渠道对股市参与的影响,发现无论是进入互联网,还是社会交往都会增加经济人股市参与,且彼此替代。这表明,现代通信设备(互联网)的使用可能排挤社会交往的信息效应,即如果家庭有互联网接入,社会互动的边际效应可能下降。

互联网金融在经历 2013 年中国互联网金融元年和 2014 年的爆发式增长之后得到迅速发展,在风险水平基本相当的情况下,追求金融资产收益最大化的家庭越来越倾向于选择互联网金融理财产品,Basnet 和 Donou – Adonsou(2016)研究发现使用互联网的家庭比不使用互联网的家庭有更高的信用卡负债。

2. 国内研究

(1)消费—储蓄理论。

龙志和周浩明(2000)通过估算城镇居民相对谨慎系数,得出"我国城镇居民储蓄中预防性动机占突出地位"的结论,并建议尽快建立市场化社会保障制度，改变居民长期支出的不确定性预期。施建淮和朱海婷（2004）从标准的理性消费者预期效用最大化模型出发，推导出包含预防性动机的消费函数和衡量预防性动机强度的公式。通过对35个大中城市1999~2003年的数据进行计量分析，发现大、中型城市居民的储蓄行为的确存在预防性动机，但并没有人们预期的那么强，他们认为其中一个原因可能是中国储蓄占有结构不平衡。

（2）流动性约束与资产组合选择。

陈学彬（2006）借鉴 Campbell 等（2002）资产组合选择的生命周期模型，从我国转轨时期的经济特征出发建立一个关于居民个人生命周期消费投资优化决策的非线性动态优化模型，分析了居民个人生命周期消费投资行为的特征，以及居民的时间偏好和风险厌恶、劳动收入风险和股票投资风险、信贷条件、货币供应量和利率调整对其消费投资行为的影响。模拟分析的结果表明，就劳动收入风险对资产组合选择的影响来看，在其他条件不变的情况下，劳动收入风险提高，居民将通过减少前期消费来增加预防性储蓄。股票风险一定时，随着劳动收入风险的提高，居民将增加股票投资以获取更多的资产收入来抵消劳动收入风险上升对晚年生活的不利影响。就信贷条件（流动性约束）对资产组合选择的影响来看，如果没有消费信贷支持，则居民整个生命周期的消费水平呈现明显"前低后高"的特点。在具有消费信贷支持的情况下，居民可以依靠信贷来提高前期消费，这种现象可以看作是一种居民财富在其生命周期内的重新分配。

宋铮（1999）、孙凤和王玉华（2001）等的研究表明，未来收入和支出的不确定性是我国居民储蓄的主要原因。由于收入在生命周期的不同阶段具有不同的特征，收入的不确定将会影响城市居民的消费行为，城市居民存在较强的预防性储蓄动机。何秀红和戴光辉（2007）采用 SCF 数据，运用 Tobit 模型从实证的角度研究收入风险和流动性约束对投资者资产选择的影响，结果表明收入风险的增加会使投资者降低对风险资产的需求，预期未来流动性的约束也会减少投资者对风险资产的投资比例。吴卫星和齐天翔（2007）指出，我国居民投资的"财富效应"十分显著，财富的增加既提高了居民对股票市场的参与度，也增加了居民投资于股票市场的深度。

（3）影响家庭资产选择的因素。

首先是个体因素对家庭资产配置的影响：

①年龄。年龄意味着人生阅历的积累，不同年龄阶段的收入水平、风险偏好、投资经验等会有所差异，因而在投资决策时处在不同年龄段的投资者考虑的

因素往往不同。黄倩（2015）认为年龄与股市参与存在非线性关系。柴时军（2016）创造性地研究了家庭的年龄结构对家庭资产选择的影响，结果表明，人口老龄比例高的家庭会抑制对风险资产市场的参与，提高对房产和无风险资产的持有比例。

②性别。性别在资产投资中是一个很重要的决定因素。通常，女性投资风险资产的可能性和投资比例要明显低于男性。张晓娇（2013）认为，女性在中国大部分的家庭中掌握家庭财产，并且女性的教育水平和独立性意识越来越高。有一部分学者表示二者并不存在必然的联系（卢家昌和顾金宏，2010；魏先华和吴卫星，2014）。

③教育水平。魏先华（2016）认为，家庭成员的受教育程度会影响家庭金融资产的配置情况。

④风险态度。袁志刚和冯俊（2005）认为，金融资产的不确定性提高了储蓄的价值，我国现阶段低风险资产的缺乏限制了居民对金融资产的投资，因此化解了我国居民高储蓄的方式在于拓展金融投资渠道。史代敏和宋艳（2005）从微观角度出发，建立了居民家庭金融资产选择的 Tobit 模型，并运用微观数据对影响居民家庭金融资产总量、结构的因素进行了实证分析，得出"居民家庭能够持有的金融资产品种较少使得居民金融投资受限"的结论。邹红和喻开志（2009）通过对我国六个城市的居民进行问卷调查，对得出的数据进行统计分析，结论认为家庭投资行为受到职业、收入水平、生命周期、金融意识等不同因素的影响。张晓娇（2013）表示家庭是否进入股票市场以及股票持有比例均与家庭的风险态度相关。姚亚伟（2012）表示居民风险偏好越高，高收益性的资产占比就越高。

⑤房产。家庭金融理论一般认为拥有房产会对风险资产的持有产生挤出效应和资产配置效应。张传勇（2014）、魏先华和张越艳等（2016）表示，住房通过财富资产效应和抵押负债效应两大相反机制影响家庭资产配置行为及其资产配置结构。吴卫星、沈涛和蒋涛（2014）也表示住房数量对风险资产的挤出效应有递减影响。进一步地，吴卫星和高申玮（2016）认为，房产投资是否影响家庭投资于股票市场取决于家庭流动性资产的规模，持有房屋以及住房增值都会显著提高家庭对股票的参与度和投资比。张亚慧（2013）表示，与没有房产的家庭相比，持有房产的家庭会更乐于参与股市，持有比例也更高；而对于已持有房产的家庭而言，房产越多，股市的参与度反而越低。蔡毓伟、蔡明超和杨朝军（2017）进一步表示住房按揭贷款会挤出家庭对金融市场的投资。相反，房地产价格的上升

会提高家庭资产对房产的配置比例（朱亚琼，2017）。

⑥金融素养。金融素养是衡量家庭金融知识水平的变量。吴敏（2015）通过实证分析认为随着家庭成员金融素养的提高，家庭金融市场参与深度也会提高。胡振（2017）进一步区分居民的主观金融素养和客观金融素养，发现二者均正向影响家庭对各金融市场的参与度、风险资产总量和投资组合的配比。

⑦其他因素。一是我国特有的城乡二元经济结构特征，以及东中西部地区间的差异，也是影响家庭资产配置的重要原因，其人口、家庭因素会因为家庭所处的地理位置不同而产生不同的影响（卢家昌，2010；王聪、姚磊和柴时军，2017）。职业是否稳定对家庭收入来源有很大的影响，从2015年开始，政府大力提倡鼓励大众创业、万众创新，使得大量的家庭开始从事私营企业。从事私营企业的家庭对流动资产要求较高，为规避风险和保持现金流稳定，家庭一般会降低参与金融市场的可能性和风险金融资产占比（葛洪申，2013）。二是宏观因素对家庭资产配置的影响。邓丽媛（2017）用宏观时间序列数据分别探究了经济发展水平（GDP）、货币政策（利率）、通货膨胀率（CPI）和汇率（美元/人民币）对家庭金融资产配置的影响，结果表示这四者与我国家庭各项金融资产总量有长期均衡关系。相反，吴敏（2015）表示，家庭所处地区的人均 GDP 越高，家庭风险性金融资产投资占比却越低。她解释，家庭风险性金融资产投资占比主要跟当地的金融发展水平有关。张亮（2013）表示，金融发展不仅会提高家庭持有风险资产概率，而且会提高家庭股票占风险资产中的比重和风险资产在金融资产的比例；另外，金融发展会减少家庭参与非正规金融市场。孙欢欢（2017）用家庭存款开户银行数量作为金融可得性的代理变量，研究了其对家庭资产配置的影响，也得到相同的结论。张淦、高洁超和范从来（2017）认为在资产短缺的宏观环境下，人们的储蓄行为发生了巨大的改变，收入的增长提高了人们的预防性需求和投机需求，促使家庭寻找多元化的投资方式，且投机需求增长越快，家庭在资产配置方面越倾向于投资高收益的金融资产，而中国正处于这样的时期。

（4）行为投资组合理论。

陈彦斌（2005）、何大安（2004）在有限理性的分析框架内，将理性决策者描述为"行为经纪人"，认为投资者在金融市场中的活动是一种有限理性程度极低的操作行为。裴平和张谊浩（2004）、薛斐（2005）重点对我国股市投资者的认知偏差予以实证考察，建立了一个从投资者情绪到投资者行为、再从投资者行为到金融市场和实体经济影响的研究模式。李涛（2006）认为积极的社会互动和较高的信任程度都能够推动居民对股市的参与，并且社会互动对低学历居民参与股市的积极作用更为明显。

（5）互联网金融与家庭资产配置。

孙从海和李慧（2014）表示在互联网金融背景下，互联网金融理财产品因具备能时时申赎和转账、收益率高和风险低等特点，逐渐替代家庭对储蓄存款和传统货币基金的投资。他们还发现网络借贷债权对金融机构债权也存在着替代趋势，网贷的核心优势是收益高和交易成本低，高收益在一定程度上对债权人的高风险进行了补偿。李芳（2014）选取400名柳州储户进行调查发现互联网金融受关注度很高，已成为传统银行理财渠道的有力补充，而且年轻人成为互联网金融理财的主力军。李楚文（2016）认为，互联网金融凭借其场景优势、成本优势、规模经济和匹配优势优化了中低资产家庭资产配置优势和路径，帮助中低资产家庭提高资产配置效率，主要表现在金融资产在家庭资产中的占比提高和金融资产质量的整体提高，盘活中低资产家庭的存款资金，降低经济运行对增量资金的需求，并提高金融服务可得性，特别提高农村地区金融服务的可得性，因此他们认为互联网金融就是普惠金融。相反，赵燕（2016）调研现阶段我国城市居民金融资产配置的特点，其具体内容为：房产、存款比重较高，银行理财产品取代储蓄，近80%的中国净高值人士使用互联网金融产品。他们发现使用互联网金融产品的人数偏低，并且居民投资于互联网金融的资金比例占总金融资金的比例低于40%；同时他们认为互联网金融发展的时间不长，居民对投资于互联网金融持谨慎态度，互联网金融只能作为银行理财产品的补充。

关于选取互联网金融指标量化对家庭资产配置的影响目前有两种方法：一个是以孙涛（2015）为代表的选取以"从互联网为主要金融知识获取渠道"来作为衡量消费者接入互联网金融的主要指标，在研究互联网金融的普惠效应时发现以互联网为主要金融信息来源的家庭相较于不以互联网为主要信息来源的家庭，在家庭资产配置方面具有更多的现金占比、基金占比和存款占比，更值得注意的是互联网会对以股市为代表的家庭金融资产配置产生影响——互联网金融提高了家庭股市投资比例，增强了金融普惠性，最终互联网金融能提高中国金融消费者参与直接融资的比重。另一个是以魏昭和宋全云（2016）为代表，他们的文章以互联网金融理财产品参与为代表分析家庭的互联网金融市场参与现状和影响家庭投资互联网金融理财产品的因素，发现我国家庭互联网金融理财产品市场参与率已经超过了银行金融理财产品市场的参与率，而家庭没有购买互联网金融理财产品的主要原因是没有听说过。户主年龄越小、受教育水平越高、收入越高、金融知识水平越高,家庭投资互联网金融产品的可能性越高,过去是否有投资经历和地区因素也会影响家庭选择互联网金融产品。文章还进一步发现家庭对互联网金融理财产品的投资参与并没有"挤出"家庭对传统金融产品的投资,反而在一定程度上会带动家庭参与金融市场,特别是对风险类金融资产的投资。从上述分析可以看出他们主要研究影响家庭投资互联网金融产品的影响因素。出现以上两种不同指标选取的原因是研究者们选择的数据库不同,分别是 CHPS 数据库和 CFPS 数据库。

二、资产替代

(一)格利和肖的货币理论

早在 20 世纪 50 年代中期到 60 年代初,格利和肖(Gurly 和 Shaw,1960)就指出非银行金融机构的负债同现金和商业银行存款之间有着很强的替代性。如果只控制现金和银行存款,而不控制其他流动性资产,那么货币政策将收效甚微。

(二)拉德克利夫报告

拉德克利夫(Radcliffe,1959)报告认为,紧缩的货币政策并不能防止支出的膨胀,因为在存在大量非银行金融中介机构的情况下,对总需求真正有影响的不是狭义的货币供给,而是整个社会的流动性,这意味着非银行金融中介的负债与活期存款之间的转换,会"激活"处于"休眠"状态的流动性。因此报告主张以控制整个社会的流动性(即广义信用)作为货币政策的主要手段。但报告未提出资产替代对泡沫的影响。

(三)托宾的内生货币供应理论

托宾(J. Tobin,1963)进一步发展了格利和肖以及拉德克利夫报告的观点。托宾认为,不同的金融中介所提供不同的间接证券具有替代性,人们可在范围广泛的金融资产之间进行资产选择的组合,从而使货币的供求不仅取决于货币的成本和收益，还取决于其他资产的成本和收益。但同拉德克利夫报告一样，托宾所认可的资产选择范围，依然局限于流动性很高的金融资产，如期票、债券、养老金领取权等，而没有考察诸如货币与股票等金融资产和不动产之间的替代及其影响。

（四）以弗里德曼为代表的货币主义传导机制理论

首先把公众资产选择的范围扩大到实物资产的学者是弗里德曼。弗里德曼认为货币扩张不会影响实际利率，但他仅将资产替代作为货币政策影响利率和总需求过程的一个环节，没有扩展到对整个经济波动、金融风险成因的分析。

除货币主义外，上述几种理论均未将证券和房地产纳入资产替代的范围，这一看法可能与当时的历史背景有关。20世纪70年代以前，各国通行固定汇率制、利率也受管制，汇率和利率的稳定，使资产价格比较平稳，虚拟经济的规模与现在相比不可同日而语，金融风险尚未凸显，因此，人们自然只关心引起总需求变化的不同层次的货币资产替代，而不关注会导致金融风险的货币与证券、房地产之间的转换。

（五）货币替代理论

货币替代最早是美国经济学家卡鲁潘·切提（V. K. Chetty）提出来的，指一国居民因对本币稳定失去信心，或本币资产收益率相对较低时产生的大规模货币兑换现象，它会使一国经济发生较大波动。自从切提提出了这个概念之后，西方理论界先后产生了货币服务的生产函数理论（Miles，1978）、货币需求的资产组合理论（King和Wilfad，1978）、货币的预防需求理论（Poloz，1986）等，从不同角度对货币替代的形成机制、经济效应进行阐述。

中国学者也对货币替代进行了诠释，"当本国出现较为严重的通货膨胀或一定的汇率贬值预期时，公众可能缺乏对本币稳定的信心，并出于相对收益的考虑，减少持有价值相对较低的本国货币，增加持有价值相对较高的外国货币，于是外币取代本币作为价值贮藏手段和交易媒介"（苑德军和陈铁军，1999）。

从家庭金融的角度来看，货币作为家庭资产重要的一部分，货币替代可以看成是资产替代的一部分。作为境内居民来说，如果人民币出现明显的贬值预期，家庭将倾向于持有更多的外币或外币资产（如外币理财产品等），造成家庭资产组合中外币资产的比例提高。

（六）明斯基的金融资产"换位"理论

明斯基（Minsky，1975）提出金融不安定假说（Financial Instability Hypothesis，FIH）认为，经济长时期稳定可能导致债务增加、杠杆比率上升，进而从内部滋生爆发金融危机和陷入漫长去杠杆化周期的风险。经济好的时候，投资者倾向于承担更多风险，随着经济向好的时间不断推移，投资者承受的风险水平加大，直到超过收支不平衡点而崩溃。这种投机资产促使放贷人尽快回收借出去的款项，用低风险资产替代高风险资产，从而导致资产价值的崩溃。金融资产的"换位"（Displacement）是造成金融体系不稳定性的起因，这一观点指出资产换位在泡沫和金融危机形成中的关键性作用。

货币替代理论是最接近从微观主体资产选择角度探讨货币政策有效性的理论，但其研究范围局限于本外币资产替代对汇率波动、冲销干预有效性的影响。因此，不论是资产配置还是资产替代都未考察其宏观政策效应，其目的是为个人和机构投资者制定资产配置战略提供依据。

国内学者对资产替代的研究大多从货币与资产替代的角度分析中国的货币流通速度。易行健（2004）曾经指出我国公众出于股票市场交易的需求在企业存款、居民储蓄存款、现金与股票交易客户保证金之间的资产替代行为有可能会对M1、M2需求产生影响，但是并未进行实证分析。中国金融市场的发展和对外开放的增加使得居民在货币、股票、债券、外币及其外币资产之间进行替代，易行健（2006）、万晓莉等（2010）通过把货币作为一种资产来估计中国的货币需求。张勇（2007）通过对M1的货币流通速度与股票市场交易量的协整分析，发现当股票市场交易规模扩大时，公众出于交易的需要，会将企业存款、储蓄存款和现金替代为股票交易客户保证金，并导致M1流通速度增加。这说明居民的资产替代行为确实影响了货币流通速度的稳定性。

三、家庭资产配置的宏观效应

研究家庭资产选择行为，即家庭如何配置资金以及影响其选择行为的因素，对于理解一国金融系统的变化是很基本的。许多研究也证实了家庭资产选择行为的重要性，例如：Becker 和 Levine（2004）指出，居民的股市参与行为影响了一国金融业的发展程度，进而影响经济发展程度；Shiller（1997）指出，个人投资者的行为也直接影响到金融市场的效率问题。对家庭资产选择行为的研究还有利于保证宏观政策的效果。家庭的资产组合决策说明了宏观变量（利率、股票价格、通胀、失业）和税收政策如何影响家庭的开支和储蓄，家庭资产组合之间的差异可以影响到总消费对宏观变量或财政政策变化的反应程度。因此，要保证宏观政策的有效性必须研究家庭资产选择行为。

对家庭资产配置宏观效应的研究在国内外的文献中鲜有出现，大多探讨的是家庭债务对金融稳定的影响。从宏观角度看，家庭负债的变化通过投资组合效应和财富效应等传导途径对宏观经济产生影响。Kelley（1953）、Feinberg（1964）研究认为家庭债务与资源优化配置和经济发展水平关系密切，对整个社会经济生活产生了巨大的影响，居民通过家庭资产结构合理化，能够实现跨时间的消费效用最大化。Minsky（1982）强调金融债务的两面性：在经济周期的增长阶段，债务刺激了需求和经济增长；但在经济周期的繁荣阶段，债务的持续增加会使得金融体系变得更加脆弱。Debelle（2004）在对 20 世纪 80 年代后期一些北欧国家及英国的家庭债务情况进行研究后发现，家庭债务的增长对房地产价格的提高和宏观经济的增长都有明显贡献。Campbell 和 Hercowitz（2005）研究了抵押贷款条件放松的影响，发现抵押贷款条件的放宽削弱了家庭负债和工作时间的联系，从而降低了产出的波动。

连建辉（1999）认为，日益兴起的居民资产选择行为已对社会资金流动格局和资金资源的配置方式产生了深刻的影响，甚至带来了嬗变。他提出，居民的资产选择行为是研究货币需求理论的基础，并带来了货币需求函数的复杂化和精确化，深刻影响着货币流通速度的变化，强化了货币供应的内生性，大大增加了测算货币供应量的难度。货币供给等于基础货币与货币乘数之积，基础货币由中央银行控制，货币乘数由中央银行、商业银行和非银行公众共同决定，非银行公众通过现金和支票存款的比率与非交易存款和支票存款的比率影响货币乘数，因此，居民的资产选择会影响货币乘数，但居民的资产选择常常是现有经济金融环境下的产物，资产选择的变化必然反映着经济金融环境的改变。所以，文中"居民的资产选择会大大增加了测算货币供应量的难度"的观点夸大了居民行为对货币供应量的影响。

樊纲和张晓晶（2000）认为，"当一国的金融结构以银行为主、金融市场不发达时，那么全社会的大部分金融资产就只能以银行储蓄的形式存在。这样准货币就处于一个非常高的水平，从而导致 M2 也很高。而一国的金融结构是以金融市场为主，居民在资产选择上就有更大的自由度，其资产形式也不会仅仅是银行储蓄，它可以是股票、债券以及其他形式的金融资产，这样，银行储蓄就可以转化为股票、债券，准货币的量就会下降，M2 就会减少"。因此，中国金融市场的发展相对滞后，而且金融市场的规模还不能与银行的规模同日而语，居民的资产选择没有分散化，都聚集在银行，M2/GDP 的比率一直很高。易纲和吴有昌（1999）在其合著的《货币银行学》教材当中也持这种观点，认为中国资本市场发展滞后，导致中国金融资产结构大部分仍是银行和金融机构的存贷款，使得 M2/GDP 比率高。戴根有（2000）从横向对比的角度考察了中国、美国、韩国、日本和印度几个国家的 M2/GDP 比率后认为，M2 由两部分构成：一是存款，二是现金，其中存款占 90%，现金占 10%。现金是中央银行对公众的负债，存款是商业银行对公众的负债。商业银行利用存款发放贷款，贷款资产质量不高，而负债又要按期偿还，所以这就隐藏了一个很大的支付风险。M2/GDP 的比率越高，整体的支付风险就越大。2002 年中国人民银行公布的《稳健货币政策有关问题分析报告》中认为，M2 主要是由银行贷款创造的，M2/GDP 的比率过高，说明多年来信用过分集中于银行，容易积累金融风险；同时，在货币供应量增长明显偏快的情况下，将增加中长期通货膨胀压力。然而，企业虽然通过多样化的资本市场融资，如股票或者债券，但是这些企业仍然在商业银行开户，最终并未改变信用集中于银行系统的局面。也就是说，即使家庭资产结构能够多样化，在金融资产结构理论的框架下，M2/GDP 的比率还是很高，因此，该理论并不能解释中国 M2/GDP 的高比率现象。有关 M2/GDP 比率过高会引致金融风险的说法只有中国人民银行的报告中提到，其他研究似乎都隔断了 M2/GDP 与通货膨胀之间的关系，难道 McKinnon（1996）所说的"中国奇迹"将会永远持续下去？该现象成为国内学者关注的焦点之一，但现有的研究成果并没有很强的说服力。许多分析均已形成了一个悖论：如果中国远高于其他国家的 M2/GDP 比率是合理的，那么广义货币供应量 M2 作为我国货币政策的中介目标就值得考虑了，然而我国货币当局尚未有采取这一举措的迹象（汪洋，2007）。

樊伟斌（2000）认为，由于可支配收入的提高、消费体制和投资体制的改革，我国居民金融资产出现了初步多元化的趋势，但尚未形成合理的资产组合结构；他指出金融资产多元化有利于居民防范金融风险，并有利于金融制度的变革和金融深化。

吴卫星和齐天翔（2007）认为，不流动性资产特别是房地产的投资显著影响了投资者的股票市场参与率和投资组合，而且影响以替代效应或者挤出效应为主；中国居民的生命周期效应不明显而投资的财富效应非常显著。

骆祚炎（2008）研究了广东农村居民金融资产与住房资产的财富效应，得出了三个结论：一是住房资产的财富效应略大于金融资产的财富效应；二是两种资产的财富效应差别不大；三是两种资产的财富效应较微弱。

国内学者对家庭资产选择的研究大多采用国外已有的模型，加入数据进行实证检验。实证检验的方法有描述性统计、相关分析、线性回归。采用的数据主要来源于居民部门的总量与结构数据，少数研究使用了居民家庭的抽样调查数据。在现实中，贫富差距的存在使得少数富裕家庭拥有了较可观的社会总资产，所以，利用宏观数据计算出来的社会平均构成与众数有偏差，较为理想的方法应该是采用微观数据。此外，现有的研究中没有关注制度因素和社会问题，缺乏将家庭资产选择行为与宏观经济政策相结合的研究，本书欲在此方面做进一步的研究。

四、金融约束理论

金融约束理论（赫尔曼和斯蒂格利茨，1997）是指，政府通过制定一系列的金融政策，在金融部门和生产部门创造租金机会，有利于银行和企业的成长，从而促进经济增长。此处租金指超过竞争性市场所产生的收益，而非经济学通常所说的无供给弹性的生产要素的收入。金融约束论的政策主张主要包括控制存贷款利率、限制竞争、限制资产替代等，其核心是政府为金融部门和生产部门创造租金机会，使租金最大限度地从家庭流向金融部门和产业部门。这种约束机制的直接受害者是家庭，被制度性掠取的租金使家庭大量地损失财产性收入，并通过其他机制同时影响家庭的资产配置。

传统的金融约束政策只论及银行融资市场，但在中国股市中，金融约束政策早已产生了实质性的影响。中国学者对股权分裂与流通股股东资产市值大幅缩水、对证券市场制度安排的效率损耗、对证券市场制度租金、对再发行圈钱等问题进行了较深入的研究。吴晓求（2004）对股权分裂与流通股股东资产市值大幅缩水进行了实证分析，指出股权分裂是中国股票市场上"圈钱"和"坐庄"行为的"优质土壤"。朱云（2009）对中国股市再融资进行了研究，通过实证认为再融资圈钱行为具有显著的金融约束性质。艾洪德和武志（2009）率先明确了中国股票市场中金融约束的性质及制度租金创造的作用，并指出股权分置正是主动创设租金、获取证券性金融支持的具体安排和核心机制。刘郁葱（2011）分别论证了银行融资市场和股票市场上金融约束政策对消费的影响，并构建出金融约束指数证明金融约束政策极大地损害了居民消费的增长。金融约束政策将大量财产性收入转移到国有部门和金融行业当中，相比之下居民的投融资成本较高，投资收益率较低（邱恒恺和刘郁葱，2012）、居民资产结构单一、银行存款比重高、财产性收入比重低。居民的投资以房市和股市为主，在股市中，高价 IPO 和股权分置改革积累了金融约束政策所产生的租金，租金通过不合理的对价方式得以实现，这使得居民股市投资效率下降（刘郁葱和黄飞鸣，2015）。周弘、张成思和何启志（2018）从流动性约束、房产持有及商业资产持有三个角度分析居民面临的金融约束，得出"居民资产配置效率的非对称门限效应在不同样本中都显著存在"的结论。居民持有资产的风险水平越高，带来的投资收益增量部分越低。持有房产在缓解居民金融约束的同时，资产风险增加对于居民资产配置收益的促进作用仍然下降，受流动性约束影响低的居民以及持有商业资产的居民均能够获得更高的资产配置收益。在不改变金融约束的框架下，以商业性资产替代房产作为主要资产种类能够从微观层面增强经济稳定性，降低系统性金融风险，优化收入结构，提升资产配置效率。

五、家庭债务与经济增长

Debelle（2004）研究欧美等国的居民债务后发现，居民债务的增长能有效推动房地产市场的繁荣和经济增长，居民债务促进经济发展。而郭新华等（2013）通过实证也发现，我国家庭债务和经济波动之间存在着长期均衡关系，居民债务每增长 1 个单位能够拉动 GDP 增长 0.03 个单位，居民债务的增长能对经济发展产生促进作用。但有些学者则认为居民杠杆率并不利于经济发展，李佩珈和梁婧

（2015）指出，居民加杠杆还可能会显著加剧资产泡沫风险，从而更易引发金融危机。Cynamon 和 Fazzari（2018）提出，居民债务虽然不是引起危机的关键，但给经济衰退埋下了隐患，对经济的稳定性和增长稳健性都造成了一定的冲击。此外也有部分学者在探究居民债务或是居民杠杆率给经济带来作用的同时，将影响分成短期和长期做考虑。Kim（2013）认为居民债务的增加与经济发展水平短期内呈正相关关系，但长期内二者会出现背离呈负相关关系。何丽芬和许丽娜（2015）以爆发欧债危机的国家为研究对象，发现短期内无论居民债务占比高还是低的国家，居民债务的增加都会促进该国的经济发展，而长期内，居民债务占比达到一定规模的国家，债务阻碍经济复苏。郭新华等（2016）通过构建 SVAR 模型研究发现，居民债务解释了近 30% 的产出波动，在短期中居民债务的上升会促进总产出的增长；而长期中，却会给经济增长造成阻碍。谢云峰（2017）通过构建 ARDL – ECM 模型认为短期内债务增加确实促进了消费，从而拉动经济增长，但对一年后的经济则产生反向作用，1% 的杠杆率上升会拖累 GDP 增速的 0.1%，并且当居民部门杠杆率超过 60% 后，其对经济增长的拖累作用更大。

第三章　中外家庭资产配置结构的
比较分析

一国的经济发展和金融发展会对该国居民家庭的资产配置行为产生很大的影响。世界各国的经济发展水平不同，金融发展阶段也不一致，这势必使家庭资产配置行为各具特色。同时，在过去的20年中，世界范围内的居民家庭资产配置行为发生了翻天覆地的变化，家庭资产中现金、存款的比重开始下降，风险资产的比重逐渐上升，家庭资产配置中的品种日益多元化，如理财产品、黄金、玉石、艺术品、邮票、酒、古董，甚至一些大宗的农产品也成为家庭投资的"新宠"。然而，房产从始至终占据着中外家庭资产中的第一大份额。本章从静态存量结构与动态流量变化趋势两个角度比较了中外家庭资产配置的异同，利用数据列示和图表分析的方法将异同点呈现出来，从中试图找出经济发展、制度变迁与家庭资产配置之间的规律性特征。

一、中外家庭资产配置结构的静态比较

静态比较是取某个时点的截面数据进行比较，可以反映当前家庭资产配置的最新状况。由于数据的可获得性，对于中国的家庭资产配置情况大多根据西南财经大学中国家庭金融调查与研究中心2015年的中国家庭金融调查（China Household Finance Survey，CHFS）、《中国人民银行季报》《中国统计年鉴》整理得出。对于发达国家的家庭资产配置情况采用的数据年份不一，欧美发达国家已经形成对家庭资产进行比较成熟的研究数据库，表3-1列举了本书所用到的数据库资源。

表 3-1 欧美各国居民家庭资产的微观数据库

美国	美国消费者金融调查（Survey of Consumer Finance）
英国	英国金融资产调查（Financial Resources Survey）
荷兰	荷兰储蓄调查（Center Savings Survey）
瑞典	瑞典家庭经济调查（Hushallens Ekonomi or the Household Economy）
法国	法国财富调查（Patrimoine or Survey on Wealth）
德国	德国收入开支调查（German Income and Expenditure Survey）
意大利	意大利家庭收入财富调查（Survey of Household Income and Wealth）

资料来源：根据 Guiso 等（2002）整理。

（一）中国家庭资产配置的现状

中国家庭资产配置结构经历了改革 30 年的变迁，发生了巨大的变化，家庭财富、收入水平不断提高，除了满足日常生活的需求之外，家庭有更多的闲置资金可以用来投资。金融市场的发展促使家庭资产配置过程中可选择的资产范围扩大，资产种类增加，除了股票和债券外，外汇、保险等也进入了家庭资产的选择范围。储蓄和房产始终在家庭资产中处于最重要的地位，这一特征与中国的传统文化有着密切的联系。此外，经济转型所采取的经济制度也使得许多处于经济发展初级阶段的国家具有高储蓄的资产配置特征。

1. 中国家庭资产配置中的实物资产

中国家庭资产配置中的实物资产主要包括房产、自有生产性固定资产、家庭耐用消费品和收藏品等，其中所占比例最高的是房产，其次是家庭耐用消费品和自有生产性固定资产。

根据 CHFS（2015）的调查（见表 3-2），中国家庭自有住房拥有率为89.68%。城市家庭自有住房拥有率为 85.39%，农村家庭拥有自有住房率为92.60%。东、中、西部地区家庭自有住房拥有率分别为 87.35%、94.42%、90.41%。世界平均住房拥有率为 63%、美国为 65%，而日本为 60%，我国自有住房拥有率处于世界前列。"居者有其屋""安居乐业"等这些千百年传承下来的中华传统，使华人社会圈对住房特别在乎。调查显示，13.94% 的城市家庭为购买住房而向银行贷款，不仅如此，还有 7.88% 的非农业户籍家庭通过银行以外的其他渠道借款以获得住房。从住房贷款或借款的规模来看，非农业家庭购房贷款总额平均为 28.39 万元，占家庭总债务的 47%；农业家庭购房贷款总额平均为 12.22 万元，占家庭总债务的 32%。表 3-2 和表 3-3 表明住房拥有率和房贷及家庭年收入之间的关系，住房贷款总额远远大于家庭年收入，户主年龄在 30~40 岁的家庭负担最重，贷款总额平均为家庭年收入的 11 倍多；收入处于最低的 25% 的那部分家庭贷款额达到了其年收入的 32 倍之多。由此可见，住房贷款是许多家庭的沉重负担，"房奴"在中国的确是一个值得关注的问题。

表 3-2　自有住房拥有率

	全国	城乡		地区		
		城市	农村	东部	中部	西部
拥有自有住房户数（户）	7566	3412	4112	3477	2377	1754
自有住房拥有率（%）	89.68	85.39	92.60	87.35	94.42	90.41

资料来源：CHFS（2015）。

表 3-3　住房贷款期限、贷款额占家庭年收入的倍数

		住房贷款总额/家庭年收入	还款期限（年）
年龄	18~30 岁	6.53	17
	30~40 岁	11.59	13
	40~50 岁	5.88	10
	50~60 岁	8.31	8
	60 岁以上	2.96	4
收入占比	25% 以下	32.39	9
	25%~50%	13.53	9
	50%~75%	3.60	11
	75% 以上	3.24	15

资料来源：CHFS（2015）。

家庭耐用消费品包括汽车、家电等，中国的私人汽车拥有比例达到 16.37%（见表 3-4 和表 3-5）。工商项目的投资近些年也成为家庭资产的重要去处之一。城市有 12.44% 的家庭拥有工商项目，农村有 15.16% 的家庭拥有工商项目，总体来看，有 14.06% 的中国家庭拥有工商经营项目，远高于美国的 7.2%。

表 3 - 4 家庭拥有汽车

	户数（户）	占比（%）
城市	9150	22.89
农村	5290	11.92
合计	14440	16.37

资料来源：CHFS（2015）。

表 3 - 5 家庭拥有工商项目比例

	户数（户）	占比（%）
城市	4970	12.44
农村	6730	15.16
合计	11700	14.06

资料来源：CHFS（2015）。

2. 中国家庭资产配置中的金融资产

中国家庭资产配置中的金融资产主要包括银行存款、现金、股票、债券、黄金等，其中所占比重最大的是银行存款，大约占金融资产总值的 57.75%，中国一直是一个高储蓄率的国家，国民储蓄中的个人储蓄率在 19% 左右，其次是现金，股票居第三，基金为 4%，银行理财产品占 2%。银行存款和现金等无风险资产占比较高，如图 3 - 1 所示。

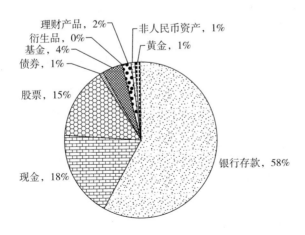

图 3 - 1 家庭金融资产配置比例

资料来源：CHFS（2015）。

由图 3 - 2 可知，中国家庭金融资产平均为 6.38 万元，中位数为 6000 元。分城乡来看，城市家庭金融资产平均为 11.20 万元，中位数为 1.65 万元；农村家庭金融资产平均为 3.10 万元，中位数为 3000 元；家庭金融资产在城乡之间的差异显著，中位数的比值达到 3.5 倍。从均值和中位数之间的差异可知，金融资产在家庭之间的分布是不均匀的。

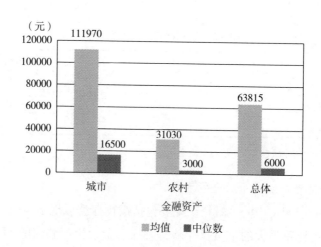

图 3 - 2　家庭金融资产

资料来源：CHFS（2015）。

3. 金融市场参与差异明显，但城乡差异逐渐消失

中国家庭的股票市场参与率为 8.84%；家庭的债券市场参与率为 0.77%；家庭的基金市场参与率为 4.24%；家庭的衍生品市场参与率为 0.05%；家庭的金融理财产品市场参与率为 1.10%。家庭在不同金融市场参与率存在显著差异，衍生品和债券市场参与率尤其低，这与中国衍生品市场和债券市场发展滞后的现实基本吻合（见图 3 - 3）。

风险偏好型的家庭炒股比例为 20.29%；风险中性型风险态度的家庭炒股比例为 11.54%；风险厌恶型的家庭炒股比例为 5.36%。因此，炒股与家庭风险态度呈明显的正相关关系（见图 3 - 4）。

有借出资金的家庭数量占总体家庭的 11.93%。分城乡来看，城市家庭中有 11.94% 有借出款；农村家庭中有 11.92% 有借出款。总体来看，城乡家庭对民间金融市场参与趋同（见图 3 - 5）。

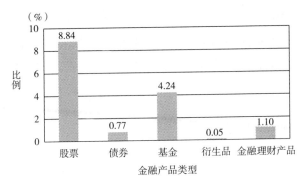

图 3 – 3　金融市场参与率

资料来源：CHFS（2015）。

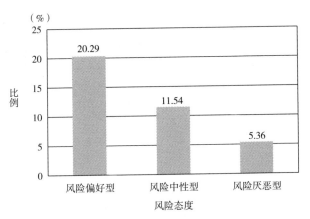

图 3 – 4　家庭风险态度与股票市场参与率

资料来源：CHFS（2015）。

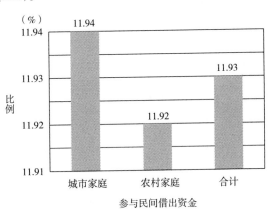

图 3 – 5　家庭民间借出资金参与情况

资料来源：CHFS（2015）。

4. 投资股票的群体中亏损比例大于盈利比例，且年长者盈利状况优于年轻者

据统计，在投资股票的群体中，盈利的家庭占 22.17%；盈亏平衡的家庭占 21.82%；亏损的家庭比例达 56.01%。可见，高达 77% 的炒股家庭没有从股市中盈利（见图 3－6）。

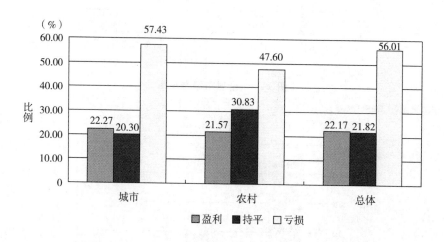

图 3－6　炒股盈亏状况

资料来源：CHFS（2015）。

根据户主年龄将家庭分为青年、中年和老年家庭，可以发现年龄与盈利呈正相关关系：户主为青年的家庭盈利占 16.14%；盈亏平衡的家庭占 27.67%；亏损的家庭占 56.20%。在中年家庭中，盈利的占 23.71%；盈亏平衡的占 17.01%；亏损的占 59.28%。在老年家庭中，盈利的占 30.30%；盈亏平衡的占 19.19%；亏损的占 50.51%。总体来看，随着年龄的增加，炒股赚钱的比例呈增加的态势（见图 3－7）。

5. 收入和储蓄不均，财富分布不均

根据 CHFS 调查数据，中国家庭收入不均现象非常严重。处于收入分布 90% 以上家庭的可支配收入占所有家庭可支配收入的 56.96%。表 3－6 展示了这些高收入家庭各项收入在所有家庭中的占比情况，其中，76.85% 的经营收入由处于收入分布 90% 以上的家庭所有，经营收入不均现象严重。

根据调查，中国家庭总储蓄值占总收入的 19.25%，低于依据宏观数据计算出来的储蓄率，但仍然处于较高水平。从储蓄的分布来看，家庭储蓄分布极为不

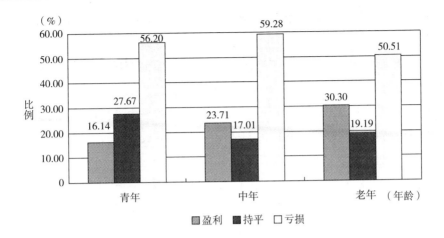

图 3 - 7 年龄与炒股盈亏

资料来源：CHFS（2015）。

表 3 - 6 处于收入分布 90% 以上的家庭各类收入占比

收入来源	所占比例（%）
总收入	56.96
经营收入	76.85
投资收入	67.21
工资收入	55.57
转移收入	43.15
农业收入	31.95

资料来源：CHFS（2015）。

均。55% 的家庭没有或几乎没有储蓄，而处于收入分布 90% 以上的家庭储蓄率为 60.6%，其储蓄金额占当年总储蓄的 74.9%。处于收入分布 95% 以上家庭的储蓄率为 69.02%，其储蓄金额占当年全国总储蓄额的 61.6%。因此，中国高储蓄的根本原因不是广大民众没有足够的消费动机，而是广大民众没有足够的收入。现行促进消费的政策对广大民众的影响不大。因此，增加消费、减少储蓄最有效的政策是提高广大民众的收入水平以减少收入不均。

6. 教育在经济活动中起着重要的作用

从户主的平均受教育年限来看，过去一年从事工商业的家庭其户主平均受教育年限为 9.77 年，比未从事工商业家庭户主平均受教育年限高，后者仅为 8.86 年。

对资产位于最低 20% 以及资产位于 20% ~ 40% 的家庭来说，其户主的平均受教育年限为 8.13 年。资产位于 40% ~ 60% 的家庭，其户主的平均受教育年限为 9.55 年。资产位于 60% ~ 80% 的家庭，其户主的平均受教育年限为 10.04 年。资产位于最高 20% 的家庭，其户主的平均受教育年限也最高，为 12.48 年。由此可见，资产随着受教育年限的增加有增加的趋势。

根据不同教育水平下的平均工资收入可知，受教育水平越高，平均工资收入越高。本科学历的平均工资为大专（或高职）学历的 1.75 倍，硕士学历的平均工资为本科学历的 1.73 倍，教育回报较高。不过，博士学历的平均工资仅为硕士学历的 70%（见图 3-8）。

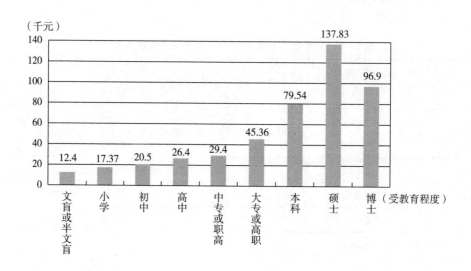

图 3-8　不同受教育程度年均收入

资料来源：CHFS（2015）。

7. 人口老年抚养比高，社会负担重

总体而言，中国少儿抚养比低于老年抚养比。虽然农村地区的少儿抚养比略高于老年抚养比，但城市地区的老年抚养比高达 26.31%，远超过其对应的 18.56% 的少儿抚养比（见表 3-7）。无论是否考虑到人口的跨区域流动，未来人口老龄化的趋势将会进一步加剧。在中国经济水平还未达到发达

国家水平，中国人口老龄化趋势的加速无疑会对我国经济社会的发展产生不利影响。

表 3 - 7　人口负担分析

单位:%

	总抚养比	少儿抚养比	老年抚养比
总体	45.76	22.94	23.82
东部	46.79	22.03	24.78
中部	45.17	24.04	21.12
西部	46.27	23.28	22.30
城市	44.87	18.56	26.31
农村	46.67	24.62	22.04

注：总抚养比是指少儿和老年人口所占劳动年龄人口的比例；少儿抚养比是指少儿人口所占劳动年龄人口的比例；老年抚养比是指老年人口所占劳动年龄人口的比例。

资料来源：CHFS（2015）。

人口老龄化程度不断加剧与社保养老存在巨大缺口之间的矛盾是中国当前面临的重要社会问题之一。中国 60 岁及以上人口达 2.3 亿，占总人口的 16.7%。中国劳动保障科学研究院发布的《中国劳动保障发展报告（2016）》显示，中国城镇职工基本养老保险制度财务不可持续的问题十分尖锐，个人账户空账运行规模接近 3.6 万亿元，养老金当期收不抵支现象凸显。

8. 医保中的道德风险

有医保者的医疗支出总额为 958.35 元/月，其中自付金额为 591.59 元/月，而无医保者的医疗支出总额为 744.03 元/月。表 3 - 8 显示，农村地区有医疗保险的个人无论是总支出（792.15 元/月），还是自付金额（571.79 元/月），都高于无医疗保险者的医疗支出（438.01 元/月）。在城市地区，这一现象并不明显：城市中有医保者的医疗支出总额为 1166.77 元/月，自付金额为 617.51 元/月，无医保者的医疗支出总额为 1306.06 元/月。调查显示，农村的医疗保障程度低于城市，这种差距短期内仍将存在。另外，有医保者过度就医的情况也很明显。

表 3 – 8　　医疗支出　　　　　　　　　　　　　单位：元/月

	农村		城市		总体	
	均值	中位数	均值	中位数	均值	中位数
总体样本医疗支出	750.51	150.00	1177.48	300.00	936.56	200.00
有医保医疗支出总额	792.15	150.00	1166.77	300.00	958.35	200.00
其中：医保	220.36	20.00	549.26	50.00	366.75	40.00
个人	571.79	125	617.51	100	591.59	100
无医保医疗支出总额	438.01	150.00	1306.06	250.00	744.03	200.00

资料来源：CHFS（2015）。

9. 理财产品逐渐规范

近年来，高通货膨胀率造成的负实际利率和经济增长带来的财富增加，使人们需要为自己的财富寻找更有吸引力的投资出路，这带来了商业银行理财产品的爆发式增长。以 2012 年为开端，金融市场及其所处的经济环境发生了巨大变化：券商资管、基子接棒信托为非标债权市场发展提供渠道和载体；银行表外理财高速扩张承接影子银行职能；同业存单发行范围扩大助推表内同业业务和资产负债表扩张；宽松货币环境推动银行与非银投融资合作，加深多层嵌套复杂度，银行理财从 10 万亿元扩张到 30 万亿元，翻了 3 倍。2018 年 4 月 27 日，中国人民银行网站发布了由中国人民银行、中国银行保险监督管理委员会、中国证券监督管理委员会、国家外汇管理局联合发布的《关于规范金融机构资产管理业务的指导意见》（以下简称资管新规），与 2017 年 11 月 17 日征求意见稿的发布相隔 5 个多月时间，近一年来悬在市场头上的剑也就此落下。未来资管行业将结束从监管空缺中找业务的时代，开始从监管规范的目标中用合规的思路去寻找新的业务模式和方向的时代。以 2016 年 10 月央行试行将银行表外理财纳入 MPA 广义信贷考核为开端，同业理财业务大幅收缩，2017 年全年金融同业理财规模从 2016 年末的约 6.65 万亿元腰斩至 3.25 万亿元，降幅为 51.13%。理财产品中的投资渠道不断丰富，例如挂钩希腊国债违约率的信用违约产品、外币信贷类理财产品，挂钩定存利率和 SHIBOR 的产品等。支付条款适度精细化：看涨、看跌、区间、波动和相关型五类产品中，原有的看涨型支付条款提升为限制性看涨的支付条款，即当基础资产的涨幅超过设定上限时，发行主体支付投资者固定额度的封顶收益，封顶收益的参考基准为同期限同币种的定存利率；为规避单一区间的集中风险，发行主体将区间类产品中原有的单一区间推广为多区间累积，即基础资产价格表现落在不同的参考区间，产品支付的收益额度不同。另外，银行理财产品市场的观察频率也有一定的提高，如部分产品将原有的月度观察频率提升为每半月观察一次，更有部分产品设计了实时观察频率。

10. 资管新规下投资行为推陈出新

保险产品日趋丰富，2017 年 1～10 月，23 家保险资产管理公司共注册保险资产管理产品 154 项，合计规模 3844.43 亿元。其中，基础设施债权投资计划 61 项，规模 1912.85 亿元；不动产债权投资计划 82 项，合计规模 1443.08 亿元；股权投资计划 11 项，合计规模 488.5 亿元，债权投资计划远远超过此类产品面世前五年的整体水平。资管新规要求资管产品只允许一层嵌套，且要求向上穿透至投资者，向下穿透至基础资产，这就意味着信托的重要资金来源于机构端的资金将会大规模收缩，伴随而来的将是信托通道业务的萎缩。投资者对于净值型产品的接受还需要时间培育，短期来看，信托产品零售端规模的收缩亦难免（见表 3-9）。资管新规明确提出公募产品不得进行份额分级，过渡期到 2020 年，将来以 FOF 为代表的资产配置类产品成为公募新蓝海。2018 年 3 月党的十九大报告中明确强调，构建养老、孝老、敬老政策体系和社会环境，并提出了加快个人税收递延型商业养老保险的试点，各类资产管理机构加入"养老"大军，按照不同的养老功能，服务内容可以分为直接参与退休后养老生活的产品和为养老提供财富增值的理财类产品两个类别，证监体系对养老理财产业的发展十分重视。

表 3-9　净值型理财产品发行主体情况　　　　　　　　　　　单位：家

发行主体	2013 年	2014 年	2015 年	2016 年	2017 年
国有银行	2	3	3	5	5
股份制银行	7	5	9	11	9
城商行	2	5	11	15	18
农村金融机构	1	2	3	3	9
外资银行	8	9	9	5	2
邮政储蓄银行	—	—	1	1	1
合计	20	24	36	40	44

资料来源：根据普益标准及华宝证券研究创新部提供的数据整理而得。

另外，投资市场还存在其他问题：外资私募机构不断增加；P2P、现金贷、互联网小贷等接连倒闭，此前快速构建起来的行业利益链也面临逐步瓦解；后监管套利时代，各种泛金融牌照、渠道和利益的嫁接得到了及时控制，而民间金融、地下金融野火未熄，无矩可循的创新与监管手段的博弈，今后或仍难避免。资管新规下，投资者的投资范围也发生很大变化，表3－10将投资者按照新旧政策进行分类。

表3－10 投资者分类新旧政策对比

分类方式	现行框架	资管新规	
投资者类型	一般个人	不特定公众	投资范围
	高净值		·主要投资标准化债权类资产以及上市交易的股票（除非另有规定）
	机构		·不得投资未上市股权
			·商品及金融衍生品（需符合相关规定）
	高净值	合格投资者	投资范围 / 投资起点和资金来源
	私人银行		·债权类资产 / ·投资单只固定收入类产品≥30万
			·上市或挂牌交易的股票 / ·投资单只混合类产品≥40万
	机构		·未上市企业股权（含债转股）和受（收）益权 / ·投资单只权益类、单只商品及金融衍生品类产品≥100万
			·符合规定的其他资产 / ·不得使用贷款、发行债券等筹集的非自有资金进行投资
募集方式		公募	面向不特定社会投资者
		私募	面向合格投资者

资料来源：根据华宝证券研究创新部提供的资料整理而得。

（二）发达国家家庭资产配置的现状

1. 美国的家庭资产配置

美国是世界上经济和金融都十分发达的国家，因此美国的家庭资产配置是家庭金融研究领域一个很好的样板。美国的消费者调查（Survey of Consumer Finance，SCF）每隔三年就对美国的家庭资产进行一次调查，该数据库选取的样本具有很好的覆盖性，一直被认为是研究美国资产配置最好的数据。在 SCF 的统计中，家庭是指同住在一所房子里的、彼此间存在经济依存关系的人，包括婚姻型家庭（不管是夫妻或者情侣）和独居型家庭两大类。SCF（2013）的数据显示，美国的家庭资产配置表现出如下特征：

（1）房产占比最高。

美国家庭中非金融资产占据较大的比重，非金融资产中住宅的份额是最多的，大约占总资产的 30.7%，然后是自由企业，其比重为总资产的 19.4%。

（2）风险性金融资产占比较大。

SCF 将现金、储蓄存款、国债和货币市场基金算作非风险性金融资产，其他金融资产算作风险性金融资产。根据 SCF 的统计，美国家庭中风险性金融资产的比例超过 80%。从 2013 年的资产配置比重来看，占据最高比重的三大资产依次为养老金、股票、存款与货币市场，家庭可选择的金融资产品种广泛，相对其他国家也更为分散，如图 3-9 所示。

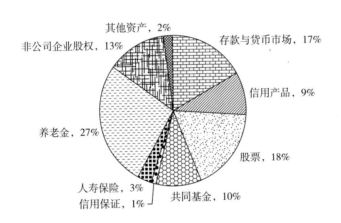

图 3-9　2013 年美国家庭金融资产配置结构

资料来源：Federal Reserve Offical Webside.

（3）家庭主要以间接的方式参与股市。

居民家庭投资股票的方式有直接投资和间接投资两种，间接投资包括通过退休账户、股票共同基金、年金和信托这四种方式持有股票。相对于直接投资股票，间接的方式具有更大的市场份额，这都得益于处于世界领先水平的美国共同基金和发达的退休养老金体制。近年来，美国的投资者越来越多地利用递延纳税退休金 401（K）计划选择配置资产。401（K）带给投资者的好处是，投资额直到从账户中被取出并实现收益的时候才缴纳联邦所得税。类似的计划还有基奥计划（Keogh）和雇主发起的"有延税资格"捐助计划。此类计划很大程度上推动了美国共同基金和养老基金的蓬勃发展。受益于 401（K）计划的税收优惠政策和个人退休账户（IRAs）的税收递延政策，美国养老体系中的第二支柱和第三支柱发展迅速，合计占比超过第一支柱：2015 年底，美国雇主养老保险和个人储蓄养老保险占比高达 88.79%，而基本养老保险占比只有 11.21%，是低收入人群养老的主要支柱。退休账户、共同基金等机构所管理的资产又被称为机构性资产，该资产已经构成美国家庭中最重要的金融资产。机构性资产发展的一个很重要的原因就是监管当局的基本思路不是限制竞争，而是鼓励竞争，推崇健康审慎的资产结构，最大限度地保护投资者利益（CGFS[①]，2007）。

（4）收入、年龄、持有房产的状况影响家庭的持股比例。

表 3-11 列出了美国家庭股票的持有情况，不论以收入特征来考察，还是以年龄、房产状况来考察，很大比例的家庭都没有持有股票，这说明美国家庭对股票的配置存在"有限参与"的现象。

表 3-11　2013 年美国家庭股票的持有情况

家庭特征	持有股票的家庭比例 （包括直接和间接）（%）	家庭持有股票的 中位数价值（千美元）	股票占总资产的 份额（%）
所有家庭	51.1	35	19
收入百分位数（%）			
少于 20	13.6	6.5	13.9
20～39.9	34	8.8	12.2
40～59.9	49.5	17.7	13.6
60～79.9	70.5	34.1	18.7
80～89.9	84.4	62	17.6
90～100	91	219	20.5

---

① CGFS：Committee on the Global Financial System，全球金融系统委员会。

续表

家庭特征	持有股票的家庭比例 （包括直接和间接）（%）	家庭持有股票的 中位数价值（千美元）	股票占总资产的 份额（%）
户主年龄（岁）			
小于35	38.6	7	15
35~44	53.5	26	13
45~54	60.4	45	18
55~64	58.9	78	18.6
65~74	52.1	57	17.5
大于75	40.1	41	16.3
房产状况			
拥有房产	62.5	41.2	18.2
租房或其他	26	8.6	15.3

资料来源：SCF（2013）。

收入水平是家庭分配资产的重要因素，收入越高，越有可能持有股票，且持有的股票价值越高，股票在家庭总资产中的比例也相对越高。

年龄对股票持有的影响并没有像收入水平那样表现出一贯性的变化趋势：在35~64岁，股票的持有比例最高，且持有的价值也较高；35岁以下对股票的持有率处在一个很低的水平。这主要与年轻人的净财富较低有关，且这一时期的家庭进入婚育阶段，房产的支出必不可少，房产的流动性较差，使得家庭受到流动性约束而没有更多余力进行股票这种高风险的投资。

对房产的拥有促进了家庭投资股票的比例，这主要是因为持有房产代表该家庭有更多的闲置资金投资于风险资产，抗风险能力也较强。

2. 欧洲的家庭资产配置

一般而言，金融与经济会呈现出平行发展的态势：随着经济的发展，一国的金融化水平也会表现出从低到高、从简单到复杂的变化，因此，家庭所持有的资产也会逐渐多元化。本部分主要对欧洲家庭资产的配置状况进行分析，由于数据的可获得性，分析中所用到的数据主要来自于其他相关的文献。

（1）金融资产相比 GDP 的倍数高。

2007年，英国的金融资产总量达到25.63万亿英镑，德国的金融资产总量达到21.80万亿欧元，同期美国的家庭金融资产总量为147.07万亿美元。各国同期的 GDP 分别为 2.14 万亿英镑、2.38 万亿欧元、14.08 万亿美元。各国金融资产为各自 GDP 的 12 倍、9.2 倍、10.4 倍[①]。

（2）房产在总资产中占比较高。

表 3 - 12 展示的是 20 世纪同时期美国、英国、德国的家庭资产配置结构，可以看出住宅对于所有国家而言都占据着最大的份额，然而德国的比例显著低于其他两个国家。

表 3 - 12 欧美家庭资产结构（家庭比例）

国家	美国	英国	德国	国家	美国	英国	德国
年份	1998	1996	1993	年份	1998	1996	1993
金融资产	93	—	—	非金融资产	—	—	—
政府债券	—	25	11	住宅	66	60	47
人寿保险	—	38	62	不动产投资	19	—	—
共同基金	17	12	12	企业股权	12	—	—
退休账户	48	30	—	抵押贷款	43	32	27
股票	19	22	12				

资料来源：Guiso（2002）。

（3）金融资产内部结构。

英国的金融资产总量低于中国和美国，其中银行资产占比高于美国，但远低于中国，风险资产的比例比美国小，但相比中国的风险资产的占比还是较高（见表 3 - 13）。

表 3 - 13 2006 年中国、日本、美国、英国金融资产总量及结构

国家	中国	日本	美国	英国
金融资产总额（亿元）	803815	1644996	3879623	749992
股票资产占比（%）	31	22	34	38
公司债券（%）	1	9	36	25
国债（%）	5	31	12	8
银行资产（%）	63	38	18	29

资料来源：桂钟琴. 基于国际比较的我国家庭金融资产选择行为研究［D］. 暨南大学硕士学位论文，2010.

---

① 资料来源：根据搜狐财经、国家统计局、中国驻德国大使馆、中国驻英国大使馆的网站数据整理。

（4）养老基金与共同基金迅猛发展。

随着老龄化趋势的蔓延，全球的养老金规模迅速扩大，但养老基金主要集中在美国、英国、加拿大、荷兰、澳大利亚和日本，如表3-14所示。共同基金是一种历史悠久、运作成熟的投资品种，虽然经历了金融危机的洗礼，但是截至2010年第一季度末，全球共同基金（即证券投资基金）市场仍然达到23.02万亿美元的规模。除了美国之外，欧洲共同基金市场的规模在世界上排第二（见表3-15）。

表3-14　2007年全球养老基金国家分布

国家	养老基金规模（亿美元）	占全球份额（%）
美国	195580	64.374
英国	33230	10.937
德国	1360	0.448
日本	8740	2.877

资料来源：熊军，高谦. 金融危机对全球养老基金的影响［J］. 国际金融研究，2010（4）：54-59.

表3-15　全球共同基金市场份额　　　　　　　　　　　　单位:%

国家/地区	美国	欧洲	澳大利亚	日本	中国
份额	48.7	32.2	5.5	3	1.5

资料来源：中国证券业协会，2010年第一季度全球共同基金数据。

3. 日本的家庭资产配置结构

"二战"结束后，经过经济恢复、高速增长和稳定增长几个阶段，到2005年，日本不仅实现了GDP为503.3兆日元的经济规模扩张，而且家庭金融资产余额也高达1520.4兆日元。但近年来，日本家庭金融资产受次贷危机的影响，规模严重缩水。截至2009年3月31日财年末，日本家庭金融资产较上年同期减少3.7%，为1410兆日元，其中家庭持有的股票资产价值较上年同期减少33.5%，为79.7兆日元，共同基金持有价值下降25.1%，为47.2兆日元，而现金和银行存款持有量则增加1.4%，为786.5兆日元，在日本家庭持有的金融资产总额中占比为55.8%，达到近几年的高位。日本的家庭资产配置有以下几个特点：

（1）储蓄性金融资产占比高。

从表3-13可以看出，在日本的家庭资产配置中银行资产占38%，国债占31%。亚当·斯密在《国富论》中指出资产的蓄积使社会扩大再生产成为可能，从而创造出日益增多的国家财富。日本的致富之路充分证明了资产蓄积在国民经济发展中的作用。经过昭和银行危机和第二次世界大战的金融管制，日本确立了以银行为中心的"护送船团"式金融体制，形成了以间接融资为主的金融体系，银行业受到政府的保护，制度租金和特许权价值的存在既可以有效地控制银行贷款的道德风险，降低企业的借款成本，增强企业的国际竞争力，又可以促使银行积极增设营业网点，积极揽储，为家庭金融资产提供虽单一却便利的投资渠道，因此，银行存款成为家庭金融的核心资产（王西民，2010）。

（2）投资风格较为保守。

2002年，在日本家庭的金融资产中，股票、共同基金和除股票外的证券占全部金融资产的15.2%，同期欧洲和美国的比例分别为37.6%和52.4%，远高于日本的风险性金融资产持有率（见表3-16）。人寿保险的比例较高。首先，日本是一个正在步入老龄化的国家，老年人口由1970年的739万上升到2000年的2187万。日本的传统家庭制度是父权极强的直系家庭，长子夫妇或与父母同住的子女要承担赡养父母的义务（王伟，2001）。1948年日本民法的修订否定了传统的家庭制度，日本的家庭形态开始由直系家庭转变为以夫妻为核心的家庭，家庭的养老功能逐渐弱化，老年家庭需要储蓄养老，对人寿保险的需求便应运而生。其次，人寿保险除了发挥保险的作用外，到期的时候，保险公司还承诺支付一定数额给投保人，所以，人寿保险在日本一直是很受欢迎的投资工具。另外，大量持有银行资产与低风险的国债资产也反映了日本民众的投资风格较为保守。如图3-10所示，2010年，日本家庭金融资产的多样化不明显，且人寿保险的比重很高，投资风格较为保守。

表3-16　2002年日本、欧洲、美国家庭金融资产结构　　　　单位:%

国家/地区	日本	欧洲	美国
货币和存款	11.4	10.1	1.1
定期存款、储蓄存款	41.4	17.3	9.9
货币市场基金	0.2	0.8	3.1

续表

国家/地区	日本	欧洲	美国
证券（除股票）	4.5	6.8	6.4
股票	8.3	21.3	33.1
共同基金	2.4	9.5	12.9
人寿保险	17.7	17.2	7.1
个人养老金	9.7	10.7	23.8
其他	4.4	6.2	2.5
合计	100	100	100

资料来源：Babeau 和 Sbano （2003）。

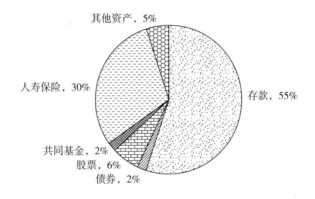

图 3 – 10　2010 年日本家庭金融资产配置结构

资料来源：CEIC （2010）。

（3）房产占比高。

Babeau 和 Sbano （2003）比较了日本、欧洲、美国的住宅资产比率，最高的是欧洲，住宅财富占金融财富的 87.8%，其次是日本 67%，美国最低为 38.3%。

（三）中外家庭资产配置结构的静态比较

美国、欧洲、日本是当今世界经济发展较快的国家和地区，通过与美、欧、日的家庭资产配置结构进行比较，可以得出中国当前的资产配置结构有以下几个特点：

（1）M2/GDP 比例高。

表 3 - 17 列出了 2008 年 M2/GDP 比例大于 100% 的国家和地区中，中国位列前三，可以看出中国的 M2/GDP 水平在世界范围内是偏高的。图 3 - 11 将中国与美国、欧元区、日本以及"金砖四国"中的其他国家和地区相比，中国的 M2/GDP 水平也是最高的。从粗略统计上看，以直接融资为主的国家该比率较低，如美国一直稳定在 0.5 ~ 0.6，欧元区一直稳定在 0.3 ~ 0.4。以间接融资为主的经济体该比率较高，如中国和日本，2010 年的 M2/GDP 都超过了 1.5。这说明，M2/GDP 与融资制度和金融体系有着密切关系。其中，中国香港地区的超高 M2/GDP 来源于银行国外资产净额/GDP 的高涨，银行国外资产净额是由经常账户的顺差和金融账户的资金流入带来的。

表 3 - 17   2008 年 M2/GDP 水平大于 100% 的国家和地区

泰国	101.2	格林纳达	116.2	中国澳门	133.2	毛里求斯	161.8
摩洛哥	102.2	塞舌尔群岛	120.0	厄立特里亚	134.6	中国	167.3
瓦努阿图	102.2	马来西亚	123.4	圣基茨和尼维斯	136.1	黎巴嫩	225.5
安提瓜和巴布达	105.9	日本	125.1	瑞士	149.1	中国香港	2260.9
新加坡	114.8	约旦	131.2	加拿大	156.1	—	—

资料来源：王守贞等. 经济货币化水平的国际比较及中国畸高现象评析 [J]. 中国证券期货，2009 (6)：46 - 48.

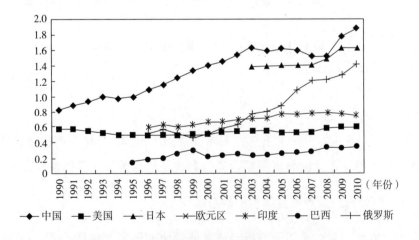

图 3 - 11   主要国家和地区 M2/GDP 的比较

资料来源：王兆旭等. 我国 M2/GDP 偏高的内在原因和实证检验 [J]. 经济学动态，2011 (11)：65 - 70.

（2）证券资产中基金所占比重低于发达国家。2010 年中国证券投资基金资产总规模达到 0.35 万亿美元，在全球共同基金市场中的占比不足 1.5%，而同期中国的 GDP 位居全球第二，占世界 GDP 总量的 8%。全球共同基金共有 65971只，按照类型分类，39% 为股票型基金，23% 为混合基金，19% 为债券基金，5% 为货币市场基金。而到 2009 年底，中国的证券投资基金也只有不到 600 只。2007 年底，美国基金账户股东数目已经突破 3 亿，基民率接近 100%；中国基金投资者账户数在 2010 年 3 月底为 1.9 亿户，基民率约为 13.5%[①]。在家庭部门流量金融资产配置结构表从 2005 年才开始加入证券投资基金的数据，也反映出中国家庭的基金投资是近些年才出现的一股热潮。基金占比低的主要原因有两方面：一方面，基金的收益水平不稳定，中国的基金收益率整体上与股票市场正相关，近些年股票市场的低迷使得基金出现大面积亏损，影响了家庭投资基金的信心；另一方面，基金治理结构不完善，不管盈亏，管理费都按照固定比例收取，还有基金的老鼠仓等都损害了投资者的利益，影响了基金的吸引力。

（3）金融资产中风险性金融资产比例较低。美国的风险性金融资产大约占80% 的比例；欧洲的风险性金融资产比例低于美国，大约为 60%，日本家庭的投资风格较为保守，所持有的风险性金融资产占比约 30%，而中国的风险性金融资产的比例不到 20%。相比之下，除了购买房产之外，中国家庭将大部分的财富分配到安全的金融资产上。

二、中外家庭资产配置结构的动态比较

（一）中国家庭资产配置的动态变化趋势

中国家庭的资产配置结构随着经济水平和金融水平的发展经历了巨大的变化，资产数量日益增加，资产种类日益丰富，投资愿望日益强烈。中国的家庭资产配置与发达国家表现出相同的金融化、风险化和中介化的趋势。居民的投资方式趋向多元化，尤其是近几年来，股票、债券、投资基金、房产等逐渐成为家庭

---

① 资料来源：中国证券业协会，2010 年第一季度全球共同基金数据。

投资的热点。由于消费信贷的发展，买房、购车等都可以通过按揭贷款的方式进行，信用卡刷卡消费的普及程度也大大提高。然而，受制于中国经济的薄弱基础和制度缺陷，家庭的资产配置仍然表现出一些异于发达国家的特征。随着居民收入水平的提高，家庭持有储蓄存款的规模也在不断增大。居民储蓄的目的主要是为了准备子女的教育基金、赡养老人的费用、医疗支出和退休后的养老金，这在一定程度上和我国尚不完善的社会保障制度相联系。

1. 金融资产规模迅速增加

在表 3-18 中，除了个别年份，家庭部门的流量金融资产总额在不断上升。

表 3-18　2000~2016 年家庭部门的流量金融资产配置结构　　单位：亿元

年份	通货	存款	证券	证券投资基金份额	证券公司客户保证金	保险准备金	其他（净）	合计
2000	1868.61	7280.53	2491.61	—	—	572.87	-4.11	12209.51
2001	873.87	9973.25	1907.66	—	—	1155.93	241.91	14152.62
2002	1319.06	14251.7	1514.8	—	—	2543.14	94.34	19723.04
2003	2048	16559.69	1306.72	—	—	3036.04	142.48	23092.93
2004	1434.2	15678.24	511.14	—	—	3515.82	139.42	21278.82
2005	2127.6	21053.46	270.44	—	—	4201.56	1343.47	28996.53
2006	2524	21284	1083	1519	3416	4365	185	34376
2007	2741	10407	1912	3438	8986	6221	1410	35115
2008	3413	46543	1748	2936	-5340	8084	-81	57303
2009	3358	43160	4507	-1035	2356	8396	54	60796
2010	5441.45	44491.54	6498.48	-456.53	-737.24	5638.12	7387	68262.82
2011	4961	47690	2484	606	-1840	6417	13823	74141
2012	3245	58929	4493	3097	-408	13628	14076	97060
2013	3249.78	55887.62	4881.38	368.6	-84.62	13160.23	13300.39	90763.38
2014	1132	44788	2720	3837	2045	13262	20624	88408
2015	2101.33	46817.75	8155.96	8927.41	4231.55	14446.43	38001.31	122681.74
2016	4516.54	59333.76	4742.62	3975.2	-2105.87	16997.82	31238.23	118698.3

注：从 2006 年起，资金流量表（金融交易账户）的统计指标中增加了证券投资基金的份额。

资料来源：国泰安数据库。

2. 金融资产内部结构变化

2013 年以前金融资产中的存款始终保持在 60% 以上（2007 年除外），但近年略有下降，2014～2016 年储蓄存款的比例为 52% 以下，2015 年仅为 38%。通货比重有所下降，2000 年通货占比在 15% 左右，到 2011 年通货比重降为 7%。股票持有比重波动较大，2000 年，股票占比 20%，达到高峰值，随后逐渐减少，2005 年开始的股权分置改革虽然促进了股票市场的繁荣，但家庭的持股比例降到 1%，这与中国股市的收益表现不稳定有着很大关系。保险资产增加的幅度较为明显，2000 年的时候，保险准备金的比例只有 5%；2004 年，该比例增长到 16%，但仍然没有取得重要的地位。证券投资基金份额和证券公司客户保证金比例经历了一个从无到有的过程，而此前分析过的股票比例却一再下降，说明家庭资产中的基金份额受到股权分置改革的影响，呈现出繁荣发展的趋势。

2000～2016 年家庭金融资产结构的具体内容如表 3－19 所示。

表 3－19　2000～2016 年家庭金融资产结构的具体内容

年份	通货	存款	证券	证券投资基金份额	证券公司客户保证金	保险准备金	其他（净）	合计
2000	0.15	0.60	0.20	—	—	0.05	0	1
2001	0.06	0.71	0.13	—	—	0.08	0.02	1
2002	0.07	0.72	0.08	—	—	0.13	0	1
2003	0.09	0.72	0.06	—	—	0.12	0.01	1
2004	0.07	0.74	0.02	—	—	0.16	0.01	1
2005	0.07	0.72	0.01	—	—	0.15	0.05	1
2006	0.07	0.62	0.03	0.04	0.10	0.13	0.01	1
2007	0.08	0.30	0.05	0.09	0.26	0.18	0.04	1
2008	0.06	0.80	0.03	0.05	-0.09	0.14	0.01	1
2009	0.06	0.71	0.07	-0.02	0.04	0.14	0	1
2010	0.08	0.65	0.10	-0.01	-0.01	0.08	0.11	1
2011	0.07	0.63	0.03	0.01	-0.02	0.09	0.19	1
2012	0.03	0.61	0.05	0.03	-0.01	0.13	0.15	1
2013	0.04	0.62	0.05	0.01	-0.01	0.14	0.15	1
2014	0.01	0.52	0.03	0.04	0.01	0.15	0.23	1
2015	0.02	0.38	0.07	0.07	0.03	0.12	0.31	1
2016	0.04	0.51	0.04	0.03	-0.02	0.14	0.26	1

注：从 2006 年起，资金流量表（金融交易账户）的统计指标中增加了证券投资基金的份额。

资料来源：国泰安数据库。

3. 机构投资者的快速发展

1991 年上海和深圳两个证券交易所成立，中国资本市场经历了从无到有、从小到大的过程。与此同时，开放式基金的力量不断增强，保险公司、商业银行、社保基金、QFII 等机构投资者陆续进入我国金融市场。2003 年 10 月，第十届全国人大常委会第五次会议通过了《证券投资基金法》，已于 2004 年 6 月 1 日实行。这是中国资本市场继《证券法》后迎来的又一部根本大法，也是国家最高权力机构对资本市场交易品种首次予以立法规范发展。《国务院关于推进资本市场改革开放和稳定发展的若干意见》提出，以基金管理公司和保险公司为主的机构投资者成为资本市场的主导力量，支持保险资金以多种形式直接投资资本市场，提高社保基金、企业养老基金、保险资金进入资本市场的比例等。这些意味着中国资本市场将进入一个由机构投资者领跑的时代。

4. 实物资产的变化

实物资产中房产占比居高不下，近些年有不断上升的趋势，主要原因是住房是唯一一种同时具有消费品和投资品角色的家庭资产，房价的上升为投资者保值增值资产提供了便利。实物资产中的耐用消费品比例下降，因为耐用消费品的使用周期较长，且完全是一种价值耗损的资产，家庭在配置耐用消费品的时候总是"适可而止"，其占比的下降从微观视角也反映了中国居民消费能力的不足。民间借贷是中国经济的新生力量，也是中小企业的资金源泉之一，尤其在江浙一带、福建和珠三角地区，民间借贷非常盛行。根本原因在于规范金融存在着大量的管制，企业很多融资需求在规范金融市场上无法得到满足，通货膨胀的持续上升和经济体系资金成本的上升催生了红红火火的家庭投资民间借贷，然而这部分的数据难以得到，因此在家庭的资产负债表中还没有体现出来。

（二）发达国家家庭资产配置的动态变化趋势

1. 美国家庭资产配置的动态变化趋势

"二战"后，随着美国经济的持续增长和国民收入水平的提高，美国的金融资产总量在 2008 年达到 142.22 万亿美元，较 1955 年增长了近 79 倍，大大高于同期国民生产总值与国民收入的增长（分别为 32 倍和 33 倍），这些数字足以说明美国在金融市场发展上所取得的巨大成就。

表 3 - 20 是 1995 ~ 2013 年美国家庭资产构成，从中可以看出，美国的家庭资产配置呈现出以下的变动趋势：

第一，房产是家庭资产中的重要一部分。1995～2013年，房产占比一直保持在33%左右的比例。

第二，金融资产的占比先升后降。1995～2001年，金融资产达到了历史上的高点42.2%。2001～2002年的全球股市进入了熊市，美国也不例外，股票资产大幅贬值，因此美国家庭金融资产总值下降。2001～2004年，由于美国经济不景气，美联储多次降低利率以刺激房地产业的发展。同时，美国政府还利用减税政策，鼓励居民购房，以建筑业来拉动整个经济的成长，从而带动了美国房地产价格的大幅上涨。从2004年6月起，尽管美联储连续多次加息，房产价值下降，但是美国家庭的住宅和其他房产的比重仍然继续上升，尤其是其他房产的比重在2007年较2004年上升了8个百分点。可见，住宅和其他房产占比的上升主要是因为美国为刺激经济而导致的房地产市场虚假繁荣。

第三，金融资产内部结构调整。金融资产包括风险性金融资产和非风险性金融资产。非风险性金融资产有交易账户、储蓄账户、储蓄性债券、货币市场基金账户等，风险性金融资产包括除上述金融资产之外的资产。很明显，从表3-19中可以看出，非风险性金融资产的占比明显下降，因此，风险性金融资产的比例相应上升，尤其以股票、基金和退休账户的涨幅最为明显。美国的基金行业十分发达，虽然经历了金融危机的切肤之痛，但其仍然拥有全球最大的共同基金市场，截至2009年第二季度末，美国市场占据全球共同基金市场规模的49.1%。从1924年共同基金在美国产生开始，基金发起人不断调整其基金供给以满足投资者变化的投资需求。同时，因为美国的社会保障体系发达，允许每个人都建立个人退休账户，所以养老金计划逐渐成为受大众欢迎的储蓄工具。

第四，存款货币性资产持有的比例下降。这种下降的趋势是美国金融机构和金融工具日益多样化的结果，从实质上来说是其他金融资产对存款货币性资产的替代，如共同基金、养老基金等机构性资产的大幅度增长。

表3-20　1995～2013年美国家庭资产构成　　　　　　　单位:%

资产种类	1995年	1998年	2001年	2004年	2007年	2010年	2013年
金融资产	31.6	36.7	40.7	42.2	35.7	33.9	35.6
其中:交易账户	17.5	13.9	11.4	11.5	13.2	11.0	9.9
储蓄账户	8.0	5.6	4.3	3.1	3.7	4.1	3.6

续表

资产种类	1995 年	1998 年	2001 年	2004 年	2007 年	2010 年	2013 年
储蓄型债券	1.1	1.3	0.7	0.7	0.5	0.4	0.4
债券	8.4	6.3	4.3	4.6	5.3	4.2	4.0
股票	16.5	15.6	22.7	21.6	17.6	17.9	18.1
基金（除货币市场基金）	7.6	12.7	12.4	12.2	14.7	15.9	15.1
退休账户	25.7	28.1	27.6	28.4	32.0	34.6	37.7
人寿保险折现值	5.9	7.2	6.4	5.3	3.0	3.2	3.1
其他托管资产	5.4	5.9	8.6	10.6	8.0	6.5	5.8
其他	3.8	3.3	1.7	1.9	2.1	2.1	2.2
合计	100	100	100	100	100	100	100
非金融资产	68.4	63.3	59.3	57.8	64.3	66.1	64.4
其中：车辆	5.7	7.1	6.5	5.9	5.1	4.4	4.4
住宅	47	47.5	47	46.9	50.3	48.1	47.6
其他房产	8.5	8.0	8.5	8.1	9.9	10.7	10.3
其他非房屋产权	10.9	7.9	7.7	8.2	7.3	5.8	6.2
自有企业	26.3	27.2	28.5	29.3	25.9	29.7	30.2
其他	1.6	2.3	1.8	1.6	1.5	1.3	1.3
合计	100	100	100	100	100	100	100

资料来源：根据 1995 年、1998 年、2001 年、2004 年、2007 年、2010 年、2013 年的 SCF 数据整理。

美国家庭资产配置的变化，反映了美国社会、经济和家庭的变化，如美国社会的人口老龄化导致退休账户不断上升，发达而规范的金融市场以及大量具有优良投资价值的上市公司使得美国家庭愿意将大部分资产投入金融领域，如股票、基金和债券等。

2. 欧洲家庭资产配置的动态变化趋势

家庭是构成社会的基本单位，家庭财富的蓄积不仅是社会经济发展的结果，也是人类自身追求幸福生活的客观要求。欧洲在地理上包括几十个国家，1958年"欧洲经济共同体"诞生，1992 年，"欧洲经济共同体"更名为"欧洲共同体"，1993 年，《马斯特里赫特条约》正式生效，欧共体开始向欧盟过渡。欧盟成员国是世界上一支重要的经济力量，它们以关税同盟为起点，通过实施共同市场，最终向统一的货币联盟迈进。由于有利的内部条件，欧盟国家的经济增长率在 2006 年达到了 3% 的历史高点。然而，欧债危机的爆发打破了这一神话，经济衰退，投资者信心低迷，消费锐减，资本市场受到很大冲击，除了"独善其身"的德国以外，其他国家纷纷陷入了困境。纵观欧洲家庭资产配置的整个历史，可以发现金融化、中介化和风险化仍然是其主旋律。

（1）家庭资产配置中介化。从股票的持有情况来看（见表 3 – 21），间接持有股票的家庭比例不断上升。这与共同基金和养老基金的发展是密不可分的。Guiso、Haliassos 和 Jappelli（2002）统计了 1990 ~ 1997 年养老金占 GDP 的比重，不论是英国还是德国，该比重都表现出增长的趋势：德国增长了 2 个百分点，英国增长了 15 个百分点（这与英国的持股比例较高有关）。共同基金的发展也较快，不仅表现在资产规模上，还表现在基金的品种上。截至 1997 年底，德国共同基金的数目有 717 只，英国有 1455 只（Otten 和 Scweitzer，2002）。

表 3 – 21　直接持有股票的家庭比例与直接和间接持有股票的家庭比例 单位:%

年份	直接持有股票的家庭比例			直接和间接持有股票的家庭比例		
	美国	英国	德国	美国	英国	德国
1989	16.8	22.6	10.3	31.6	—	12.4
1995	15.2	23.4	10.5	40.4	—	15.6
1998	19.2	21.6	—	48.9	31.4	—

资料来源：姚佳. 家庭资产组合研究［D］. 厦门大学博士学位论文，2009.

（2）家庭资产配置风险化。风险性资产包括风险性金融资产、实业投资股权和投资性房产。英国和德国持有风险性金融资产和风险性资产的比例呈现出上升的态势（见表 3 – 22），这说明近年来，西方发达国家参与风险性金融资产投资的家庭在逐年增多。事实上，不仅参与风险性投资的家庭比例上升，而且家庭中风险性资产的比重也在提高。

表 3 – 22　持有风险性金融资产和持有风险性资产的家庭比例　　单位:%

年份	持有风险性金融资产的家庭比例			持有风险性资产的家庭比例		
	美国	英国	德国	美国	英国	德国
1989	31.9	—	17.2	46.4	—	24.1
1995	40.6	—	20.2	51.8	—	25.2
1998	49.2	32.4	—	56.9	—	—

资料来源：姚佳. 家庭资产组合研究［D］. 厦门大学博士学位论文，2009.

3. 日本家庭资产配置结构的动态比较

表 3 - 23 显示，1987～1999 年日本家庭所拥有的金融资产比重上升，1999～
2002 年略有下降之后又继续上升。与之相对照的是，实物资产的比重整体下降。
这种变化趋势表现了日本家庭资产配置的金融化趋势。图 3 - 12 展示了日本家庭
从 1998 年到 2010 年的资产配置结构变化，可以看出，近十年来家庭资产配置结
构并没有什么变化：存款资产始终保持在超过一半的比例，存款与人寿保险总计
超过 80%，股票的比例在 2000 年科技股泡沫之后迅速下降，风险性金融资产的
比例非常小。

表 3 - 23　　日本家庭资产结构变动情况　　　　　　　　单位:%

年份	1987	1990	1993	1996	1999	2002	2005	2008
实物资产比例	83.5	80	73.3	70.3	67.6	69.8	68.7	66.9
金融资产比例	16.5	20	26.7	29.7	32.4	30.2	31.3	33.1

资料来源：张海云．我国家庭金融资产选择行为及财富分配效应 ［D］．暨南大学博士学位论
文，2010.

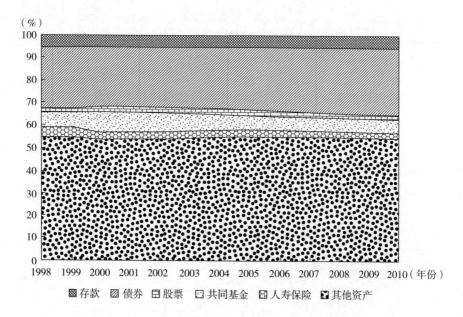

图 3 - 12　1998～2010 年日本家庭资产配置结构变化

资料来源：日本央行、CEIC。

经济金融化渗透到家庭领域就形成了家庭资产配置的金融化趋势,这在美国和欧洲国家也表现出同样的趋势,另外,在这两大市场中还表现出家庭资产配置的风险化,然而,在日本却没有这样的表现。究其原因在于日本股市的长期低迷和基金市场的低收益率,可见家庭资产配置总是金融市场发展的"一面镜子"。

(三)　中外家庭资产配置结构的动态比较

通过对中外家庭资产配置结构的动态比较可以得出中国家庭资产配置的特点有:

(1)储蓄比例居高不下。随着经济的发展,中国家庭的储蓄一直很高,保持在60%左右。CHF(2015)的数据显示,2014年城镇有储蓄的家庭占比64.1%,农村为55.6%,全国平均为60.6%。

(2)M2/GDP比率不断上升。从1998年开始,中国的M2/GDP比率就超过了100%。近25年来,M2/GDP比率还在不断上升,尤其是2008年金融危机后,该比率开始超过150%,2015年更是高达200%(见图3-13)。但是世界平均M2/GDP比率也基本呈逐年上升趋势,且在1999年和2000年均超过了100%,2006年该值为96.49%。从图3-14中可以看出,1971年以前,货币规模与经济规模保持着相对稳定的比例关系,而1971年后,世界各国M2/GDP开始迅速上扬,居高不下,总体水平持续上升。对比历史数据,共有63个国家在1961年、1971年、1981年、1991年和2001年的M2/GDP数据齐全,其频数分布如图3-15所示。各区间内包含的国家个数依据时间推移,有向M2/GDP高比例方向移动的趋势。在M2/GDP<40%的区间内,随时间变化,国家个数基本呈递减趋势。而在M2/GDP>40%的区间内,随时间变化,国家个数基本呈递增趋势。

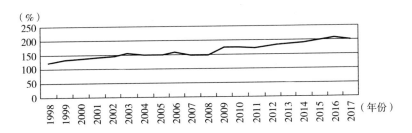

图3-13　1998~2017年中国广义货币与国内生产总值之比(M2/GDP)

资料来源:都星汉等.全球M2/GDP水平和趋势探讨[J].上海金融,2009(1):14-18.

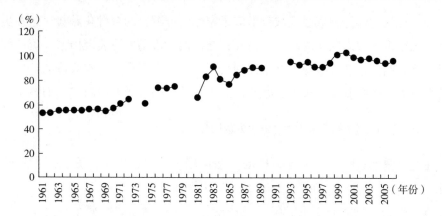

图 3 – 14　1961 ~ 2006 年世界平均 M2/GDP

资料来源：都星汉等．全球 M2/GDP 水平和趋势探讨［J］．上海金融，2009（1）：14 – 18.

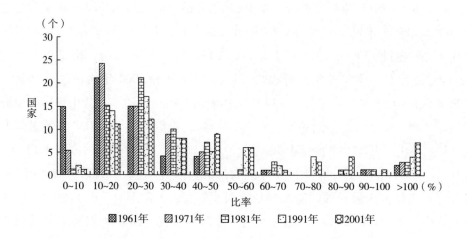

图 3 – 15　1961 年、1971 年、1981 年、1991 年和 2001 年 63 个国家 M2/GDP 频数分布

资料来源：都星汉等．全球 M2/GDP 水平和趋势探讨［J］．上海金融，2009（1）：14 – 18.

（3）房产成为我国家庭最重要的非金融资产。中国家庭的实物资产主要有房产、自有生产性固定资产、家庭耐用消费品和收藏品等。从许多学者对中国家庭非金融资产估算的结果来看，房产是我国家庭最重要的非金融资产，其次分别为家庭耐用消费品和自有生产性固定资产，其余非金融资产占比很低。由于房屋既是消费品，又是投资品，在我国，目前房地产超过股票和债券，成为第一大投资品种，总值大概在 60 万亿元左右。而且，在地少人多的客观条件影响下，中国人更愿意把房屋作为主要的私人财产，如我国住宅的自有率达到80%，而美国这样的发达国家也只有65%。对于中低收入群体而言，房屋则完全是消费品或生活必需品，但因为高收入群体对房地产的巨大投资需求，又人为地推高了房价，尤其在中心城市或人口密集地区，房价之高堪比东京和中国香港，极大地提高了中低收入群体的生活成本。这使得在过去30年中，我国的住房支出大幅上升，特别是农村向城镇转移的居民，居住消费支出的压力要远比食品消费的支出压力沉重得多，而且会越来越大。这些因素导致房产成为我国家庭最重要的非金融资产。

第四章 中国家庭资产配置特点的宏观经济负效应

中国家庭资产配置结构的主要特征是银行储蓄高企、房产占比高、股票等风险性金融资产占比较低和理财产品的日新月异。这四个特征都对宏观经济产生了影响，本书将主要论述家庭资产配置的宏观经济负效应。

一、银行储蓄高企的宏观经济负效应

在国有企业预算软约束的条件下，国有银行代替财政向国有企业输血使得国有银行一旦向国有企业提供初始贷款，就很难做到不继续追加贷款，因此，大量的不良资产在国有银行内部迅速积累起来。2001年11月1日，中国人民银行透露的四家国有独资商业银行的不良贷款为1.8万亿元，占全部贷款的比率为26.62%。其中，实际已形成的损失约占全部贷款的7%左右。考虑到自1999年开始四大资产管理公司已经收购的1.4万亿元不良资产，四家国有独资商业银行的不良资产总额实际超过了3万亿元。2002年3月，央行称四大国有独资商业银行不良贷款额出现净下降，不良资产比率降为25.37%。但这个比率仍高于人民银行规定的17%的最高界限。巨额的不良资产使国有银行面临较大经营风险，但国有银行体系内的金融风险却始终没有显性化为金融危机，其中关键的原因就在于政府通过特殊的制度安排将大量的居民储蓄转化为银行存款。在改革的整个过程中，居民的储蓄持续地流向国有银行，在储蓄增量大于不良资产形成增量的条件下，国有银行就不会面临"挤兑危机"的问题。2017年，工、农、中、建、交几大国有银行的不良贷款率均在1.81%以内，相比之前，情况有非常明显的改善。在历史发展过程中，居民储蓄对国有金融机构的支持作用不容忽视。

（一）国有银行运行效率低，市场化改革滞后

中国经济为了保持渐进改革的路径，需要维持"体制内"的一定产出，在财政补贴下降的情况下，金融补贴有效地弥补了"体制内"的经济体。但是，国有银行自身的资本比率十分低下，如果没有国家注资，要维持体制内企业的资金供给，只能靠大量的储蓄存款来充实其资本来源。国有银行的金融补贴水平对应于标准的信贷提供量，显然，如果采用市场化的商业银行体制是无法满足渐进改革所需的金融补贴。所以，国有银行部门无法按照市场化的商业银行制度运行，其市场运作的程度远低于其他非金融部门；而商业银行更多地服从行政领导，在改革深化的过程中，其他部门中计划的作用越来越小，商业银行的行政特色却在加强（钱颖一，1995）。换句话说，国有金融体制改革的滞后本身就是渐进改革的产物。

在国有企业预算约束条件下，对国有金融部门的偿贷是排在最后的，国有企业的亏损与赖账就在金融部门形成大量呆账、坏账，导致金融部门效率低下。国有经济体资金使用效率的低下及其对银行资金的刚性依赖，形成了资金的倒逼机制，导致了金融部门与国有企业运行效率出现了"双低"症状。

国有企业对银行贷款的高度依赖和国有企业利润率的高利率弹性（利润对贷款利率变动的敏感性）加大了国有商业银行改革的难度，也使得利率市场化进程呈现出"黏性"特点。

（二）融资效率损耗

融资格局与经济增长格局的严重不对称引发了金融资源的逆向配置。国有企业、国有银行在市场经济中以垄断者的姿态出现，驱逐了其他市场性的竞争机制，以国家为背景占据了大量的金融资源。然而，为中国经济发展做出重要贡献的民营企业、中小企业却被排斥在国有融资体系的大门外，资金短缺问题一再成为近些年中小企业的首要问题。体制外经济体表现出的对制度性公共产品的需求与现阶段制度性公共产品的供给不相适应，必将影响各项制度建设的实施效果。

家庭较为单一的金融资产结构导致融资制度主要依赖以银行为主的间接融资体系，例如，储蓄存款和通过银行体系购买保险、基金、理财产品等，而以股票

为代表的直接融资体系由于风险过大而使大多数家庭"望而生畏"。发展中国家"金融剩余"①的潜能得不到充分发挥。银行的制度性风险加剧，为了规避风险而"惜贷"，最后导致存贷差不断扩大，利润下滑，高额储蓄积淀。

（三）经济运行的整体风险集中在银行体系内

随着国有银行的商业化进程的不断推进，国有银行必将成为一个追求利润最大化的金融组织，此时，若没有与之实力相当的竞争者出现，国有银行的性质就变为资金市场上的垄断者，为经济提供较低的信贷支持，同时开出更高的资金价格。这样，原先靠国有银行支持的国有企业资本结构迅速瓦解，产出随之下降。可见，中国渐进式改革的成功是以银行体制改革的滞后和金融风险的积累为代价的。

由贷款长期化和存款活期化②引起的期限错配③、由企业对银行软负债和银行对储户硬负债所引起的风险错配④、不同经济周期采用相同的货币政策所引起的周期错配⑤带来的经济整体运行的风险都沉淀在银行内部。国家信誉对市场信誉的替代、政策性目标对市场性目标的替代使得银行体系承载了太多的负荷，银行体系的风险沉淀会增大其脆弱性，中国的银行体系脆弱性之所以没有出现危机，主要是因为国家信用实际上为国有银行提供了一种隐性的制度担保，价格因素没有实现市场化，资本账户并未开放，从而有效地保护了银行体系。然而，随着金融开放度的提高，银行体系的脆弱性激发金融危机的可能性也会提高。

高额的家庭储蓄存款也带来了中国高比率的 M2/GDP，该比率远远高于欧美发达国家以及其他转型国家的水平。高 M2/GDP 比率意味着中国金融资产大部分是银行和金融机构的存贷款，畸形的资产结构对宏观经济会产生负效应：第一，

---

① 麦金农（McKinnon，1993）提出的金融剩余（Financial Surplus）是指，改革中相对自由的"非国有部门"（包括城镇农村居民以及乡镇企业等）在成为国有银行体系主要资金供给者的同时一直没有成为主要的信贷索求者。这样，国家就可以在"不征取较高通货膨胀税的情况下"，十分从容地获取一笔数目可观的资金，以抵消其恶化的财政地位。

② 贷款长期化的主要原因有地方政府扩大投资规模的需求增长、住房商品化改革引致的中长期消费贷款、考核压力下商业银行对中长期贷款的偏好、融资渠道单一等。存款活期化的主要原因有家庭可选择的金融资产种类少，住房、医疗和教育的市场化，商业银行缺乏金融创新的动力而丧失对不同客户、不同期限、不同产品的负债进行差别定价等。

③ 存款期限越来越短，贷款期限越来越长，形成潜在的流动性风险。

④ 银行对存款要百分之百负责，而从银行贷款的企业和个人却对还款不负责。

⑤ 以间接融资为主的金融体系是顺周期操作，放大了周期的特征。

企业高比例负债，影响经营的绩效。许多企业缺乏资本金，完全靠银行融资起家，但经营过程一直承受高额的债务负担，效益大受影响。在银行贷款方面，国有企业的优势明显，而融到资的国有企业可能将资产高息再拆出去，使得国有企业的融资行为扭曲。第二，金融运行风险高。由于企业经济效率不高，导致金融运行的风险高，表现为银行信贷资金周转速度慢、信贷资产质量逐步下降、国有银行的不良贷款多和国有银行的经营困难。第三，非国有企业的行为不规范。除了三资企业之外的非国有企业资金困难，靠直接融资的方式较难获取资金，只好使用各种方法争取银行贷款。非国有企业的行为一直游离在合法和非法的边界上，非法行为将破坏金融秩序。

二、房地产占比大的宏观经济负效应

（一）房地产泡沫滋生

在中国，住房是种特殊商品，兼具消费品、投资品、准公共品的属性。一方面，可以满足人民群众基本的居住要求，使"居者有其屋"；另一方面，住房与户籍、子女入学教育、周边城市基础设备相联系。家庭对住房的投资既体现了住房的使用价值，又体现了住房的投资价值。

近20年来，除了少数几个年份因较低的CPI，银行一年期存款的实际利率均为正，其余年份，实际利率大多为负，家庭几乎不能从存款中获取较为丰厚的利息收入。实际利率长期为负使家庭的资产配置结构中房地产比重过大，偏离经典的生命周期理论所揭示的不同生命阶段资产配置的特点，导致了房地产需求过热一直难以得到有效控制。中国自有住房程度之高，远远超过许多发达国家，这种现象有传统文化因素的影响，但在房地产已出现严重泡沫的情况下，人们仍热衷于投资房地产，以持有泡沫资产来保值，显然是不正常的。

（二）房地产行业累积信贷风险

房地产业是一个资本密集的行业，不管是开发商还是购房者都离不开信贷的支持，自20世纪90年代末商业银行获准开展住房抵押贷款以来，住房抵押贷款飞速发展，占银行贷款总额的比重不断上升。房地产开发贷款余额占银行贷款的比重保持在 7% 左右，2010 年略有下降，两者之和占比约 17% [①]。房地产热造成房贷在银行信贷中占比越来越大，从两个方面提高了银行的信贷风险：一方面，一旦房地产泡沫破裂，房价大幅下降，那么，作为房地产商，随着售房收入的大幅下降，现金流将持续紧张，导致其本身的还款能力出现问题；作为购房者，一旦房价出现大幅下降，其还款意愿将大幅降低，也增加银行房贷的风险。另一方面，对于银行的授信，担保方式往往以房地产抵押为主。《经济观察报》查询了四大国有银行 2017 年的年报数据，数据显示，公司和个人的房地产类贷款占其全部贷款的比重均在 30%～40%。房地产价格的高企提高了银行对于既定抵押物下的放贷冲动与意愿，在这种情况下，房地产价格若出现大幅下跌，将导致银行信贷资产所得到的担保力度降低，降低信贷质量。

（三）与房地产相挂钩的信托产品累积了违约风险

银信产品，特别是房地产信托产品的风险已经引起银行、信托公司和监管层的警惕。2018 年 1～7 月，地产集合信托放量同比增长 80%；2018 年 8 月，福建、浙江、江苏、上海等地银保监局发文暂停新增地产信托的报备。所有的融资渠道都被堵死，以"信托"为代表的"非标融资"成为许多房企的救命稻草。

同房地产相关的"信托理财产品"数量直线减少，信托公司同样都在规避风险，部分地区的信托产品开发出许多新的词语，如"城建项目""城市改造""棚户区改造""新区开发""城中村改造"等，这些名词的背后依然是房地产开发的热度不减。虽然房地产信托产品的收益率较高，但是随着楼市调控的深入，房地产市场的不确定性增加，对于那些过于依赖信托融资而又销售不畅的地产公司来说，风险正在步步逼近。规模存量信托如何"解套"，成为悬在金融机构和开发商头上的"达摩克利斯之剑"。房地产信托项目的平均期限为 1～2 年，按照大多产品的期限计算，1～2 年之后将进入房地产信托产品的兑付期，而且由于发行规模不断增大，未来的兑付压力也将会不断增大。

（四）房地产价格居高不下是导致内需不足的重要原因

中国市场经济下的消费可以分为核心消费（住房、教育、医疗和社保）、日

---

① 数据来源：CEIC。

常消费（基本日常生活的必须消费）和边际消费（如奢侈、享受型消费等）三种（龙斧和王今朝，2009a）。核心消费是由社会制度和市场环境决定的，在核心消费中，住房消费的成本最大。假设平均房价为10000元/平方米，100平方米住房的总价为100万元，这笔支出比教育、医疗和社保的支出大得多。如果按照30%的首付，商业贷款利率6.39%（最低八五折），还款20年计算，每个月的月供大约为4800元。这样的月支出对于月收入1万元的中等家庭来说是一个沉重的负担，那么低收入家庭如果购买住房的话，住房对消费的"挤出"效应就更加明显。

近20年来，在各个行业的发展中房地产行业的发展速度最快，以权谋地、以地贷款、高价售房等乱象为房地产及相关行业的相关人员带去了肥厚的收益。少数人占有这一稀缺资源便占有巨额财富，相对来说，多数人的消费必然被限制、被挤压。房价与平均购买力的差距越大，多数人的消费被剥夺得越快。家庭通过辛勤劳动获取的收入通过这一不平等交换转入占据了稀缺资源的少数人手中。

房地产行业利润高昂，然而对社会福利的贡献度极低。近20年来，社会将大量人力、物力、财力投入该行业的生产，最终并没有为社会提供一种"质优价廉"的产品（住房），反而让无数购房者和准备购房者节衣缩食，几乎挤出了其他的所有消费。开发商在住房市场上不需要市场经济的理论，不需要计算产品弹性，不需要了解供求关系，只要抓住机遇拼命盖，最终，大量产品积压（政府部门始终不愿公开真实的住房空置率），而家庭消费被挤出。对住房的投资不科学，导致被剥夺消费的人群越来越大，消费结构不合理，内需总量十分脆弱，这一切的重要成因就是房地产价格居高不下。

三、股票等风险性金融产品占比较低的宏观经济负效应

股市本该是资源配置的高级手段，可融资却沦为"圈钱"——特例企业顺利"过会"、大小非减持、新股频繁发行，中小投资者一次又一次地为之埋单，既受到股权分置的伤害又受到解决股权分置的伤害，是"从一只羊身上剥下两张

皮来"。当中国家庭中较富裕的中产阶层①意识到仅仅依靠常规的工资收入很难实现随意满足消费的愿望时，他们中的大多数就有了投资理财的意识并付诸实践，但是他们却发现，自己不仅离财务自由的目标越来越远，而且正在一步步地从中产阶层的位置滑向底层的人群。据调查，几万亿元甚至十几万亿元的平民资财在股市中蒸发，持有股权的居民无法从最基本的资本收益中获得利润。随着家庭在资产配置中加大对股票投资的比重，如果不改变股市政策，股票对中国家庭而言，将成为一个吞噬财富的巨大黑洞。

1992 年 4 月 10 日，上证指数从 1992 年 5 月 25 日的 1428.79 点跌至当日的 381.20 点，跌幅达 73.3%；1994 年 7 月 29 日，上证指数从 1993 年 2 月 16 日的 1558.95 点跌至当日的 325.89 点，跌幅达 79%；2005 年 6 月 6 日，上证指数从此前高点 2245.45 点持续下跌至 998.23 点，跌幅达 55.5%；2008 年，上证指数从前期高点 6124 点一路跌至 2008 年 9 月 18 日的 1802 点，跌幅达 70%，沪深股票市值缩水 2 万亿元人民币以上。2015 年 6 月 15 日开始，上证指数连续三周暴跌，两市超过一半的上市公司停牌，到 2016 年 1 月，上证指数从 5178 点跌至 2638 点，历时 8 个月，最大跌幅达 49.05%。2019 年春节过后，上证 50、沪深 300、中证 500 随着年节消费及 5G 行情的助推节节攀升。五一过后，受中美贸易战的影响，指数开始暴跌，人们所期待的牛市最终没有出现。

国际热钱正在流入包括中国在内的发展中国家，这会造成流动性过剩。从热钱的偏好来说，股票、债券等风险性金融资产最适合构成抵御热钱冲击的资产池，然而股市暴涨暴跌，难以成为吐纳流动性的资产池。过剩的流动性挤向房地产等少数几种资产，加剧了这些资产价格泡沫的膨胀。同时，股市资金被房地产大量分流而呈现出的低迷进一步降低股市对资金的吸引力，反过来又加剧股市的低迷，引发恶性循环。

---

① 中产阶层：年收入在 6 万～50 万元的家庭被称为中产阶层。国家统计局 2007 年 8 月表示，当年全国中产阶层人数在 8000 万左右，约占总人口的 6.15%。

第五章　中国家庭资产配置特点的成因分析

　　家庭资产配置的目的主要有三个：一是为了解决收入与支出的不匹配。由于社会经济运行和个人职业生涯都有周期性，家庭收入和支出的时间也随之变化，为了平衡不同时期的消费、实现效用最大化的目标，家庭可以通过配置资产来平衡各期的消费。二是为了防范不确定性风险。经济结构变迁带来的职业变动，年老退休的收入降低，自然灾害、疾病、死亡等都会导致家庭收入的减少。因此，家庭必须为了应对这些不确定性，预先通过储蓄存款、购买保险和养老金等途径进行防范。三是为了实现价值增值。伴随着金融创新的脚步，金融产品的多样性和复杂程度都相应提高，具有不同风险偏好的投资者可以选择相应的资产，他们遵循的标准是在风险一定的条件下收益最大化或者在收益一定的条件下风险最小化。

　　家庭资产的配置依托于社会经济发展的大背景。从体制模式上看，中国由改革开放初期的计划经济向市场经济转轨，市场化程度从低向高迈进；从发展水平上看，中国正从低收入国家向中等收入国家跃进。体制模式和发展水平的双重过渡深刻地影响着家庭的资产配置结构。与市场经济发达的国家相比，中国家庭的资产配置结构呈现出以储蓄为主、风险化较低的特征，这主要是由于中国的金融市场体系不够发达，家庭资产配置的发展历程明显带有制度变迁的痕迹。因此，必须要结合经济制度和金融发展的轨迹来开展对中国家庭资产配置行为的分析和研究。这些宏观经济因素的影响可以反映在一些代理变量上，比如利率变化、金融市场的成熟度、宏观经济形势等，它们通过影响金融产品的风险和收益，进而影响家庭决策。

　　家庭资产的配置还受制于决策家庭的具体特征，比如说家庭的人口统计特征

（如年龄、学历、职业等）、收入水平、风险意识和金融知识等。家庭投资某种资产的行为是多种因素共同影响的结果。同时，家庭资产配置不单单是家庭个体的行为，同时也会受到其他群体投资行为的交叉影响，出现所谓的羊群效应。因此，对家庭资产配置的影响因素及其作用机制的研究是十分有必要的。

一、家庭收入无法应对未来支出的变化
导致资产配置结构谨慎

（一）家庭长期收入水平较低且不确定性高

在中国，家庭收入水平长期低下导致财富总量偏低，家庭的风险承担能力较弱，再加上中国的医疗、养老等社会保障制度不完善，因此，家庭将财富主要分配到储蓄存款、国债等非风险性金融资产上，而很少投资于股票和保险等风险性资产。

收入水平的不同对于家庭投资金融资产的行为有很大影响，收入的增加首先能够带来储蓄存款的增长。随着家庭收入的提高和财富的积累，其投资选择更偏好资产的保值和增值。在传统的计划体制下，家庭收入变化不大，消费品通过配给制分配，各类服务由福利制度提供。消费选择较少，而且，由于收入水平的低下，除去消费后也没有多少剩余资金可供储蓄。国家实际上是将消费与积累的关系从个人决策变为国家决策，并提供了一种"无风险预期"的社会保障体系，当然就不存在预防性储蓄，所以在 1952～1977 年的 25 年，中国个人的平均储蓄率不到2%。

改革开放以前，在计划经济体制下劳动者拥有"天然就业权"，由于制度上的原因，劳动力调整很困难，企业不能够按照宏观环境的变化和企业自身发展的需要对所需的劳动力人数进行调整，劳动力一旦就业就不会失业。此时，对于就业者来说，未来的就业状况是一成不变的、确定的。但是，随着经济市场化改革的不断深入，劳动力的就业状况就并非一成不变了，而是存在被解聘和失业的风险，比如，经济周期导致的失业、市场经济不可避免的摩擦性失业和结构性失业以及企业改制过程中的失业问题等。

改革开放后，家庭收入水平迅速提高。然而在收入水平提高的同时，家庭也面临着未来收入的不确定性。标准工资时代已经结束，终身合同制被打破，"铁饭碗"的安定收入格局渐渐从经济生活中淡出。家庭居民也逐步广泛接受调动企业职工积极性的灵活收入分配体制。从城镇居民的劳动收入构成来看，自20世纪90年代中后期以来，家庭居民暂时收入呈现明显的上升态势。中国家庭金融调查与研究中心的调查显示，东部地区和一线城市代表持久性收入的工薪收入在总收入中占比较高，分别是33.4%和58.8%，所占比重与1990年的76%和2008年的66.2%相比明显下降，而工薪收入外的其他收入比重逐渐增加，这部分收入具有不稳定性的特征。其具体表现为：一是普通职工来自单位内部收入的"双轨制"，即工资和由单位发放的奖金，单位创收增加的这部分收入具有不稳定性；二是有一技之长的人获得的来自单位内和单位外收入的"双轨制"，来自单位外的收入极不稳定；三是有一定权利的合法收入与"寻租"收入的"双轨制"，不合法的"寻租"收入肯定不具稳定性（刘楹，2007）。同时，随着中国居民收入水平的不断提高，家庭财富总量不断增长，家庭的财产性收入也不断增加，但是由于各种资产收益风险的不断变化，各项资产的收入也随之不断变化，因此，家庭收入在不断增加的同时，需要应对的资产风险也在不断上升。

（二）社会保障体系不健全削弱了居民风险承受能力和意愿

社会保障制度也叫社会福利制度或社会安全制度，是用社会方法救济贫民、调节收入、保证社会成员基本生活的综合体系，它对促进社会和谐和经济平稳发展具有重大意义。社会保障制度是否完善，直接影响到家庭的预防性储蓄动机。当社会保障制度能够给家庭提供全面、系统的保障时，家庭承担风险的能力会提高，家庭预防性储蓄动机也会降低，家庭就会有相对富余的资金和能力投资于风险性资产。因此，一个国家的社会保障制度对该国的家庭金融资产内部结构有着不可忽视的作用。

美国的养老保障体系相对而言非常健全，包括强制性的公共养老金、自愿性的职业养老金和个人养老金三部分。其中，职业养老金也称为401（K）养老计划，该计划由雇主和员工共同缴费，其优势在于延期（领取时）缴税的税收优惠政策，同时员工可以选择投资的方式，当工作变动时账户的余额也可以转移，这种灵活的养老安排对于员工个人和企业都非常有利。根据2009年底美国投资公司协会（Investment Company Institute，ICI）的调查结果，即使是经历了次贷危机，仍有73%的美国家庭对养老计划与投资选择抱有信心。美国的医疗保障制度是商业保险模式，由政府计划和私人计划两部分组成，政府计划覆盖25%的人群，主要是老人、小孩和贫困人口，其余60%为雇主为员工缴纳，美国模式的基本特点是"贵而不难"。德国的医疗保障制度是社会保险的模式，就是法定医疗保险覆盖90%以上的人口，由雇主和雇员双方缴纳，还涵盖无收入的家属，总体特点是"不难但有点贵"。英国的医疗保障制度是国家卫生服务模式，居民享受很大程度的免费医疗卫生服务。然而就医等待时间长，服务质量不高，总体特点是"难而不贵"。法国社会保障体系是由许多强大的行会组织聚合而成的，所以法国工会在社会保障改革中的发言权很大。日本的社会保障管理是一种集中和分散相结合的模式，即把共性较强的那部分项目集中起来实行统一管理，而把特殊性较强的若干项目单列，由相关部门进行分散管理。

与发达国家社会保障制度相比，中国的社会保障制度并不完善，特别是农村的社会保障体系，传统的以计划经济为主体的社会保障制度已不能适应社会发展的需要。在医疗保障制度方面，中国已经建立了有中国特色的"三纵三横"① 医疗保障体系框架，但是保障水平不高②。人群待遇差别很大③；医保关系转移困难，异地就医问题突出；基金方面以县域统筹为主，共济性不强。在教育保障方面，中国的教育已经实现九年制义务教育，然而，多方面的失衡还是很突出：区域性教育失衡、教育资源分担与分配的失衡、受教育者接受教育和就业机会与权利的失衡、以高考为主的各级升学考试制度，汰选功能过强，评估功能弱化。因此，对于家庭来说，积累储蓄为子女选择更优质的教育资源几乎成为每个家庭义不容辞的任务。在养老保障方面，我国实行的是国家、企业、个人多支柱的养老保障模式，目前还存在很多缺陷：保险覆盖的范围较小，企业年金发展缓慢，各个群体所享受到的养老权益缺乏公平性。

这些改革不可能在短时期内到位，这都直接增加了家庭对未来收支的不确定性预期，表现为就业的不确定性，教育、医疗和养老的不确定性等，这些不确定

---

① "三纵"，即城镇职工基本医疗保险、城镇居民基本医疗保险和新型农村合作医疗，分别覆盖城镇就业人员、城镇未就业居民和农村居民，是基本医疗保障体系的主体部分。"三横"，即主体层、保底层和补充层。

② 尚有1亿多人没有纳入医保体系，部分重病患者参保后的个人负担仍然很大，保障范围以住院为主，常见病、多发病没有包括。

③ 城镇居民和新农合待遇低于城镇职工的待遇，中西部和沿海地区的待遇差别较大。

性必将改变和影响家庭的经济行为。因此，家庭必须为未来筹划，进行教育投资、购买保险等。老年人要考虑医疗改革后疾病医治增加的个人负担，中青年人要考虑今后子女的教育费用，储备尽可能多的财富以备将来的不时之需。体制变迁对家庭预期的影响是长期的，因此，居民家庭对未来形成风险预期，只能减少当前的消费支出，进行预防性储蓄。经济学家陈志武（2009）对此是这样总结的："随着中国社会结构的转型、文化价值观的变化，原来靠血缘、亲情实现的隐性金融交易正在由金融市场以显性金融交易的形式取而代之。如果替代性的显性金融保险、信贷、养老、投资产品无法跟上，中国人在钱多的同时，可能反而对未来更感到不安，这不仅使中国的内需无法增长，也让中国人的幸福感下降。"

二、家庭可配置资产的收益－风险结构制约了资产配置的多样化

（一）房价只涨不跌使得房地产成为家庭资产配置的首选资产

房地产行业资源、资产的社会配置有一定的特殊性：购地找政府批，贷款找银行批。房地产商不是以市场需求、消费层次、购买力、替代品影响、其他消费比例、资本效益等科学指标进行分析并决定产量，而是以这种社会分配结构的特殊性加以生产，房地产行业支配社会稀缺资产获取暴利，最终该行业的增长速度惊人。1998 年开始的中国住房制度改革，目标是实现住房制度的市场化与货币化。随着 2000 年住房改革的完成，城市居民的住房消费发生了根本性的变化。以前的单位分房变为自己到市场上去购买住房，使中国居民的消费行为发生了很大变化：在房改之前，居民用于住房的支出是可以忽略不计的；但房改之后，此项支出在收入中的比例迅速增加。1998 年之前，全国住宅销售收入占社会零售总额的比率一直在 5% 左右，1998 年以后迅速上升到 15% 以上，2009 年该比例达到了 36.8%。购房是一项支出较大的投资，需要家庭做长期的储蓄。中国社会科学院 2010 年发布的《经济蓝皮书》指出，2009 年城镇居民收入房价比达到 8.3 倍，农民工的房价收入比为 22.08 倍，大大超出百姓承受的范围，2011 年受到"国八条"的影响，房价收入比降到 7.6 倍。《2019 年上半年全国 50 城房价

收入比报告》显示，上半年 50 城房价收入比均值为 13.6，相比 2018 年的 13.9 小幅下降了 2.2%。如果按国际惯例，合理房价收入比应在 3~6 倍，当前城镇房价已经出现泡沫，而且部分城市的房价泡沫非常严重。

由于房屋价格上升的速度比收入上调速度快，为了买房子，更多的居民只能把大部分收入进行储蓄，形成一个自我加强过程。这个过程把储蓄率提高到极致，又把生活水平压到最低。房改以及高房价推高家庭储蓄是从房屋作为必需品的角度分析的，传导途径可概括为：房改和高房价—购房支出的预期增加—压低生活水平—储蓄增加。

房屋还具有很强的保值增值效果，当家庭有闲置资金的时候，也会考虑购买房产应对通货膨胀。当家庭年收入上升的时候，对房产持有的数量也上升，将房产作为理财的一种可选方式，主要是源于其他投资渠道少、利润预期不确定、通货膨胀和投资风险高等因素。因此，高房价推高家庭储蓄是从房屋作为投资品的角度分析的，传导途径可概括为：高房价—购房预期收益增加—储蓄增加。表 5-1 展示了住房成本价格和当前价值的差异，表明住房收益非常可观。

表 5-1 住房的获得成本和当前价值 单位：万元

	城市			农村		
	第一套	第二套	第三套	第一套	第二套	第三套
成本价格	19.10	39.33	62.03	6.28	16.39	22.75
当前价值	84.10	95.67	122.01	18.34	31.68	40.34

资料来源：CHFS（2015）。

2008 年由清华大学中国金融研究中心开展的第一期中国消费金融与投资者教育调研报告中的数据显示，我国城镇家庭消费投资模式需要进一步改善。调研结果还显示，在我国家庭资产构成中，房产是最主要的资产，占比 62.72%。

（二）证券市场风险较高且投资品种有限

2001 年，股市达到了历史最高值，之后开始了持续的深度下跌，造成了大多数家庭股票资产价值的缩水，投资者信心大失，股票资产份额也不断下降。但是 2005~2006 年股市复苏，财富示范效应带动股民、基民人数急剧增加，有的家庭甚至抵押典当房产、汽车购买基金、股票，2005 年人均持有有价证券占金融资产比重超过了20%，2006年达到24.48%，到2015年，人均持有有价证券占金融资产比重降到15%。股市行情不稳，民众不敢轻易进入股市，股市资金流出市场进入银行。

由于有价证券的特殊性，家庭对有价证券（特别是股票）的投资需求也随着证券市场的波动而变化。家庭证券投资行为的起落变化，反映了家庭作为一种市场活动主体的敏感性和理性能力的增强，并开始把这一领域作为其增减投资组合的重要场所，同时也暴露出股民、基民的投机心理。

陈志武（2009）指出："一方面，市场化、'钱化'出来的钱越来越多；另一方面，中国的金融发展水平总体还很低，投资和理财的选择空间很小，只有少数有限的投资渠道。这两方面挤在一起，特别是在政府高度管制金融和国有金融垄断的情况下，各种资产价格扭曲和畸形资产泡沫层出不穷，就不奇怪了。"可见，狭小的投资渠道不但影响了家庭资产的选择范围，而且也影响了资产价格的合理定价。

金融工具的单一性严重限制了家庭金融资产的多样化，产生了家庭资产只能配置在储蓄中的现象。在目前的金融体系下，中国的金融产品结构相对简单，传统银行业务集中在信贷等传统的零售业务领域，金融中介等批发业务严重不足。债券市场发展严重滞后，债券余额占金融资产的比重很低。债券发行以国债、金融债为主，企业债券的规模及其在债券余额中所占比重很小，作为投资者规避或分散经营与投资风险重要手段的衍生金融工具发展滞后，利率、汇率、股指期货以及期权、货币互换、股权互换等规避金融风险的工具尚未推出。资本市场没有提供给投资者足够的、进行风险规避的工具，也就不能有效地分流储蓄。市场缺乏强有力的监管和约束，机构投资者严重不足，上市公司业绩差强人意，使得股市存在非常强的投机性。金融市场存在的诸多问题，严重制约了中国家庭金融资产多样性的发展。

三、传统文化影响了家庭资产配置的结构

金融意识的形成受文化传统、社会制度、个人受教育水平以及家庭金融实践活动等因素的综合影响。家庭金融意识根植于金融的发展水平和家庭金融实践意

识，但在很大程度上受到社会文化传统的深刻影响。文化传统反映到金融意识上，将会对家庭金融资产选择行为产生很大程度的影响。文化传统是一个国家、民族长期积累沉淀下来的思维意识、价值观念和行为准则，它对人们的思想、行为和观念会产生全方位的影响，并且这种影响是非常深刻而且不会轻易改变的。所以，金融意识会被打上文化传统的深深烙印。

（一）儒家文化促使中国家庭重储蓄、轻投资

东西方文化传统的差异给各国家庭的金融意识带来显著性差别。中华民族长期深受儒家文化的熏陶，重群体、重和谐、重伦理、重勤俭的儒家文化强调人的道德情操；重仁义、轻商利，认为"君子喻于义，小人喻于利"，崇尚义气而贬低逐利，压抑人们追求财富、追求物质生活的欲望。在消费习惯上，人们倾向于勤俭持家，反对奢华，提倡克制、中庸、自律与节俭的生活态度。而且，儒家的中庸之道过度要求人们追求平和、回避风险，"宁走十一分远，不走一分险"，导致人们厌恶风险。因此中国家庭便形成了崇尚节俭、重视储蓄、轻视投资的金融意识。而西方的传统文化，尤其是基督教，肯定人的权利和精神自由，倡导追求物质生活，鼓励创业，勇于面对风险。西方家庭大多偏向超前消费，及时行乐、积极投资、敢于承担风险。东方国家，如中国、日本家庭的储蓄率一直都非常高，而且金融资产中安全资产如存款、国债占绝大比例。而西方国家如美国等，家庭储蓄率偏低，金融资产中风险资产如股票、基金占比较高。

东方社会强调传统的社会救助，西方社会强调个人权益。在西方，子女成年后，往往会离开家庭，父母与子女极少来往，更谈不上经济上的互助，社会保障制度是一个以社会保险为核心的制度。相反，东方家庭在传统"孝道"的影响下，父母与子女之间的亲情在子女成年后主要表现在经济上的互助和精神上的慰藉，"养儿防老"几乎是每个中国人根深蒂固的思想。年轻人要为赡养父母而储蓄，父母也为子女获得优质教育而储蓄。

有调查显示，即使是中国内地的富裕人士，其流动资产中的存款比例也高达59%，剩下的41%做了投资。港澳台地区的存款和投资比例较为相似。印度尼西亚富裕人士的流动资产中，存款高达95%，仅有5%进行投资。《2009胡润财富报告》显示，中国千万资产以上的富裕人士主要有四类：商人、高收入人士、"炒房者"和"职业股民"。关于后两类人群的描述中都有类似于"累积一定资金后开始投资"的表述。因此，投资前先要有资金的原始积累，从股市、楼市中

赚来的钱通常不会是"第一桶金"。可见，在东方社会，富豪也是遵守先储蓄再投资的传统模式。

综上来看，东西方的文化差异导致中国家庭重视储蓄，轻视投资，厌恶风险，排斥商业。因此，在家庭资产配置中表现为储蓄存款占比高，风险资产占比较低。低利率环境下的房产也具有类似储蓄的作用，使得房产成为当下中国家庭的优良投资品。

（二）中国家庭具有普遍的房地产情结

2013 年 3 月，中央电视台做了一个有关"中国梦"的采访调查，被访者的回答最多的是希望拥有一套房。有一些人买房是看好房地产市场的上升趋势，所以选择买房。同时，很多城市买房和落户挂钩，没房不能落户，不能落户意味着所有城市居民的福利几乎为零。但这些都不是最主要的因素，实际上，导致人们热衷买房而不是租房的因素，主要和中国人的观念有关。

中国的社会文化相对传统，落叶归根文化根深蒂固，对故乡的感情有一种特殊理解。而西方国家，如美国处于一种迁移社会文化，人们并没有故乡情结，人口处于高度流动的状态。相对中国人来说，美国人只在乎有个地方住，并不在乎是否拥有房子所有权。毕竟，他们不会在这个地方长期住下去，所以往往选择租房。中国人的乡土观念非常浓厚，故乡始终都是一个永远的归属。很多人，他们并没有生活在农村，但还是会花钱在村里建一所房子，方便年节回来时可以居住。一些生活在小城镇里的人，也是想尽办法建房，甚至在早期时，都接受不了所谓的商品房。他们总是认为，拥有房子所有权，住得才放心。

中国社会的价值观较为单一，对自我的认同感不足，需要一些社会所普遍接受的标准来肯定自己。房子是一种财富的象征，财富可以促使社会提高对自身的认同。1998 年以前，大部分人都是通过单位分配而获得房子。随着住房市场化和货币化，房子价格上涨，人们意识到商品房可以作为财富来显耀。以前，很多人通过在村里建房子显耀，然而现在这种显耀可以转移到商品房上。在婚姻中，房子也成为了一个必需品，很多人为了娶妻生子，拼命赚钱建房子，有时甚至四处借钱去购置房产。一个家庭财富的多少，最直观的表现就是房子，因此，即使你拥有很多股票，因为股票没有房产的直观性，所以财富的彰显度不高；而房子破土而出，就可以很直观地证明家庭的财富。一些父母为了让孩子有一门满意的婚事，到处借钱，努力把房子建得非常漂亮。实际上，房子就相当于一个担保，减少了婚姻考核费用。要是没有房子，人们在向对方证明自己的财富时，付出的成本就相当高。可以看出，房子的功能不仅是居住，还可以降低娶妻生子的成本。这种文化影响的必然结果就是买房的人多，租房的人少，房屋租售比越来越高。

造成中国人不愿意租房愿意买房，迷信也是一个不可忽略的因素。这种观点认为，那些出租的房子，住过的人多且杂，可能影响居住环境。对安家立业有追求的人，在择屋上更加讲究。因此要租到如意的房子，租房者要支付的交易费用往往较高。租房者的物质付出与身心体验不成正比，这种情况下，自然对租房产生心理上的排斥，从而产生拥有自己房子的需求。

四、家庭储蓄与投资模型的构建与分析

（一）模型的构建

袁志刚和冯俊（2005）在分析中国银行储蓄高企的原因时，构建了行为人的储蓄和投资模型，模型假定家庭在进行银行储蓄的同时，也会对一些储蓄替代型产品进行选择性投资。行为人的当期目标函数是：

$$E\left[\sum_{t=0}^{T-1}(1+\delta)^{-1}U(C_t)\right] \tag{5-1}$$

为了处理方便，引用一个满足 CARA 型常绝对风险规避函数：

$$E\left[\sum_{t=0}^{T-1}(1+\delta)^{-1}\left(-\frac{1}{\rho}\right)\exp(-\rho C_t)\right] \tag{5-2}$$

家庭投资选择的行为函数是：

$$S（或 I）=S（或 I）[Y_t, E(R_t)] \tag{5-3}$$

其中，Y_t 是当期收入，S_t 是银行储蓄，I_t 是通过金融渠道转化的投资，$E(R_t)$ 是预期收益率。在面临市场的不确定性条件下，行为函数扩展为：

$$A_{t+1}=(A_t+Y_t-C_t)\{[(1+r_t)\alpha+(1+z_t)(1-\alpha)]\vartheta+(1+g_t)(1-\vartheta)\} \tag{5-4}$$

其中，A_t 是期初的财富，Y_t 是劳动收入，它是随机的，但在 t 时已知。给定

消费 C_t，行为人拥有消费余额（储蓄）为 $A_t + Y_t - C_t$。行为人资产选择的结果是：$1-\vartheta$ 表示最终的银行存款份额，ϑ 表示最终的金融投资份额。g_t、r_t、z_t 分别表示 t 时刻的储蓄存款、无风险资产以及风险资产的收益率。r_t 表示时间的确定性函数，z_t 表示随机的，在 t 时未知。下一期财富是由本期储蓄的投资方式所决定。α 与 $1-\alpha$ 是行为人无风险资产与风险资产的投资选择。

本书借鉴该模型分析家庭资产配置的结构，本章开始部分提到家庭资产配置的目的有三个：一是平衡收入与支出，二是防范不确定性，三是资产的增值。平衡收入与支出和防范不确定性主要考虑留够储蓄；实现资产的增值是依赖风险资产的投资。因此在家庭的资产配置结构中，首先应当分为两大类：具有储蓄功能的资产和具有投资功能的资产。通常，人们心目中具有储蓄功能的资产首当其冲就是银行储蓄，事实上还有很多资产也可以扮演储蓄资产的角色，如黄金、房产等实物资产。具有投资功能的资产可以分为无风险类资产和风险类资产，无风险类资产如货币市场基金、国债等；风险类资产涵盖的范围很广，如股票、债券、理财产品等。近 10 年来，中国的房地产成为一类很特殊的投资品，除了具有储蓄的功能外，其投资价值亦是十分明显。袁志刚和冯俊的模型中资产是指金融资产，而我们可以通过资产的功能来配置资产的结构，因此，模型不再局限于金融资产，还可以包括实物资产。

1. 前提与假设

行为人是风险厌恶者，且具有理性预期；金融市场中存在无风险资产与风险资产，行为人购买这两种资产不存在障碍；交易成本为零；行为人随时能够买到所需要的实物商品，商品市场不存在配给的方式；不考虑银行信贷对家庭资产配置的影响。

2. 家庭效用的目标函数

行为人当期的目标函数是：

$$E\left[\sum_{t=0}^{T-1}(1+\delta)^{-1}U(C_t)\right] \tag{5-5}$$

效用函数的形式可以采用常绝对效用函数（CARA）和常相对效用函数（CRRA），CARA 的优势在于可以求出最优消费的显示解，为了方便处理，本章中的效用函数采用 CARA 型常绝对风险规避函数：

$$E\left[\sum_{t=0}^{T-1}(1+\delta)^{-1}\left(-\frac{1}{\rho}\right)\exp(-\rho C_t)\right] \tag{5-6}$$

行为人的效用函数 U(·) 是严格增的凹函数，满足 Inada 条件，且连续可微。δ 表示行为人的时间偏好率。

3. 分期预算约束

分期预算约束函数采用：

$$A_{t+1} = (A_t + Y_t - C_t)\{[(1+r_{ft})\alpha + (1+r_{at})(1-\alpha)]\vartheta + (1+r_t)(1-\vartheta)\}$$

$$(5-7)$$

其中，A_t 和 A_{t+1} 表示家庭期初和期末的财富，Y_t 表示劳动收入，C_t 表示消费。家庭可支配的资产就是 $(A_t + Y_t - C_t)$，ϑ 表示投资与风险资产和无风险资产的比重，$(1-\vartheta)$ 表示储蓄类资产的比重。r_t、r_{ft}、r_{at} 分别表示储蓄类资产、无风险资产和风险资产的收益率。α 和 $(1-\alpha)$ 表示投资无风险资产和风险资产的比重。为了处理方便，假设 $r_{ft} = r_t$，则式（5-7）变为：

$$A_{t+1} = (A_t + Y_t - C_t)[(1+r_{ft})(\alpha\vartheta + 1 - \vartheta) + (1+r_{at})(1-\alpha)\vartheta] \quad (5-8)$$

或 $A_{t+1} = (A_t + Y_t - C_t)[(1+r_t)(\alpha\vartheta + 1 - \vartheta) + (1+r_{at})(1-\alpha)\vartheta] \quad (5-9)$

令 $\alpha\vartheta + 1 - \vartheta = w$，则 $\vartheta - \alpha\vartheta = 1 - w$

式（5-9）变为：

$$A_{t+1} = (A_t + Y_t - C_t)[(1+r_{ft})w + (1+r_{at})(1-w)]$$

或 $A_{t+1} = (A_t + Y_t - C_t)[(1+r_t)w + (1+r_{at})(1-w)] \quad (5-10)$

式（5-10）说明家庭在进行资产配置的时候，w 份额投资于低风险资产，$(1-w)$ 份额投资于风险资产。在低风险资产中，包括储蓄类资产和无风险资产。Markowitz（1952）在资产选择理论中提到，资产选择的有效集是连接无风险资产和市场组合的射线，如图 5-1 所示，射线 AT 可以表示有效集。如果不允许银行贷款，则有效集将表现为连接无风险资产和市场组合的线段 AT。资产配置结构越偏向 A 点，则表示资产组合中的无风险资产比重较大，投资者越保守，越偏向 T 点，则表示资产组合中的风险资产比重较大，投资者越激进。该理论中的无风险资产 A 是 Markowitz 在资产选择理论中引入了银行借款后将有效集由弧线 CT 拉伸为 AT 后与纵轴的交点，可以推出 A 点指的是银行储蓄。因此，风险资产品种匮乏的时候，资产配置结构将逐渐移向 A 点，最终全部表现为银行储蓄；同时，当风险资产的收益没有保障的时候，就意味着 T 点无法满足市场最优组合的条件，则这部分资产也会转移到 A 点，即银行储蓄上。此时，w 的比例接近 1。

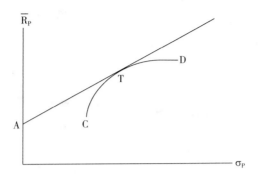

图 5 – 1 资产选择的有效集

（二）模型的求解

$$E\left[\sum_{t=0}^{T-1}(1+\delta)^{-t}\left(-\frac{1}{\rho}\right)\exp(-\rho C_t)\right] \tag{5-11}$$

$$\text{s. t. } A_{t+1} = (A_t + Y_t - C_t)\{[(1+r_{ft})\alpha + (1+r_{at})(1-\alpha)]\vartheta + (1+r_t)(1-\vartheta)\} \tag{5-12}$$

采用动态规划的方法求解，构建贝尔曼方程：

$$V_t(A_t) = \underset{(c_t, w_t)}{\text{Max}}\{U(C_t) + (1+\delta)^{-1}E[V_{t+1}(A_{t+1})/t]\} \tag{5-13}$$

根据贝尔曼方程对 C_t 求一阶导：

$$U'(C_t) = E(1+\delta)^{-1}\{[(1+r_{ft})\alpha + (1+r_{at})(1-\alpha)]\vartheta + (1+r_t)(1-\vartheta)]V'_{t+1}(A_{t+1})/t\} \tag{5-14}$$

则 $$U'(C_t) = E(1+\delta)^{-1}\{[(1+r_{ft})(\alpha\vartheta + 1 - \vartheta) + (1+r_{at})(1-\alpha)\vartheta]V'_{t+1}(A_{t+1})/t\} \tag{5-15}$$

或 $$U'(C_t) = E(1+\delta)^{-1}\{[(1+r_t)(\alpha\vartheta + 1 - \vartheta) + (1+r_{at})(1-\alpha)\vartheta]V'_{t+1}(A_{t+1})/t\} \tag{5-16}$$

进一步地，$$U'(C_t) = E(1+\delta)^{-1}\{[(1+r_{ft})w + (1+r_{at})(1-w)]V'_{t+1}(A_{t+1})/t\} \tag{5-17}$$

或 $$U'(C_t) = E(1+\delta)^{-1}\{[(1+r_t)w + (1+r_{at})(1-w)]V'_{t+1}(A_{t+1})/t\} \tag{5-18}$$

根据贝尔曼方程对 w_t 求一阶导：

$$E[V'(A_{t+1})[(1+r_{ft})-(1+r_{at})]/t]=0$$

或 $E[V'(A_{t+1})[(1+r_t)-(1+r_{at})]/t]=0$ \hfill (5-19)

则 $E[V'(A_{t+1})(r_{ft}-r_{at})/t]=0$ \hfill (5-20)

或 $E[V'(A_{t+1})(r_t-r_{at})/t]=0$ \hfill (5-21)

其中，r_t、r_{ft} 为时间的确定性函数，r_{at} 为随机函数，则 $r_{ft}=E(r_{at})$ 或 $r_t=E(r_{at})$。

在 $V_t'(A_t)$ 和 $U'(C_t)$ 的值之间沿着最优路径存在着简单的包络关系，根据包络定理可得：

$$V_t'(A_t)=E(1+\delta)^{-1}\{[(1+r_{ft})w+(1+r_{at})(1-w)]V'_{t+1}(A_{t+1})/t\}=U'(C_t)$$ \hfill (5-22)

或 $V_t'(A_t)=E(1+\delta)^{-1}\{[(1+r_t)w+(1+r_{at})(1-w)]V'_{t+1}(A_{t+1})/t\}=U'(C_t)$ \hfill (5-23)

这里说明，沿着最优路径的财富的边际值必须等于消费的边际值。

则 $V_t'(A_t)=E(1+\delta)^{-1}\{[w+r_{ft}w+1-w+r_{at}-r_{at}w]V'_{t+1}(A_{t+1})/t\}=U'(C_t)$ \hfill (5-24)

或 $V_t'(A_t)=E(1+\delta)^{-1}\{[w+r_tw+1-w+r_{at}-r_{at}w]V'_{t+1}(A_{t+1})/t\}=U'(C_t)$ \hfill (5-25)

进一步地，$V_t'(A_t)=E(1+\delta)^{-1}\{[1+r_{at}]V'_{t+1}(A_{t+1})/t\}=U'(C_t)$ \hfill (5-26)

利用在最优路径上，财富的边际值等于消费的边际值，可以得到欧拉方程：

$$U'(C_t)=(1+\delta)^{-1}E[(1+r_{at})U'(C_{t+1})/t]$$

$$U'(C_t)=(1+\delta)^{-1}(1+r_{ft})E[U'(C_{t+1})/t]$$

或 $U'(C_t)=(1+\delta)^{-1}(1+r_t)E[U'(C_{t+1})/t]$ \hfill (5-27)

$U'(C_t)$ 是 CARA 型函数，可以求出：

$$E(C_{t+1})=C_t+\ln\frac{[(1+r_t)E(r_{at})]}{1+\delta}$$ \hfill (5-28)

（三）各变量影响家庭资产配置结构的分析

1. 未来收入的不确定性导致家庭当期消费下降

Leland（1968）发现，对于更为一般的效用函数，如果满足 $U'''>0$，CARA 型效用函数即是如此，那么在不确定性增加的情况下，行为人会采取更为谨慎的态度。本章模型中的 $U'(C_t)$ 是凸函数，不确定性的增加导致凸性增加，提高了 $E[U'(C_{t+1})]$，为了满足欧拉方程式（5-27），$U(C_t)$ 必须减少，说明家庭必须推迟消费。也就是不确定性的增加导致行为人推迟消费，变得更加谨慎。

进一步假设劳动收入满足 $Y_t = Y_{t-1} + \xi_t$，$\xi_t \sim N(0, \sigma^2)$，则：

$$则\ E(C_{t+1}) = C_t + \ln\frac{[(1+r)_t E(r_{at})]}{1+\theta} + \varepsilon_t + \frac{2\sigma^2}{\rho} \tag{5-29}$$

这说明，在家庭面临较高的收入不确定性的条件下，这种不确定性体现在最后一项 $\frac{2\sigma^2}{\rho}$，σ^2 表示方差，不确定性越大，方差越大。家庭将减少当前消费，增加储蓄以应对未来收入不确定性的影响。

2. 家庭风险承受能力的下降导致风险资产投资比例下降

当前消费的减少会带来可支配资产的增加，可支配资产既可以体现在低风险资产上，也可以体现在风险资产上。投资者在储蓄一定的前提下，将 w 部分投资无风险资产与储蓄存款，将（1-w）部分投资风险资产。根据詹森不等式①，在面临未来收入不确定的情况下，风险厌恶程度的增加意味着其凹形必然增加（风险厌恶者的效用函数是凹函数），风险厌恶系数 $\left(\dfrac{U''(\cdot)}{U'(\cdot)}\right)$ 衡量了个人主观对风险的厌恶程度，对风险的厌恶程度越高，风险厌恶系数越大。对风险的厌恶产生了行为人的谨慎性动机，从而储蓄增加。根据 $E[V'(A_{t+1})(r_{ft}-r_{at})/t]=0$ 或 $E[V'(A_{t+1})(r_t-r_{at})/t]=0$ 和 $V_t'(A_t) = E(1+\delta)^{-1}\{[(1+r_{ft})w + (1+r_{at})(1-w)]V'_{t+1}(A_{t+1})/t\} = U'(C_t)$ 或 $V_t'(A_t) = E(1+\delta)^{-1}\{[(1+r_t)w + (1+r_{at})(1-w)]V'_{t+1}(A_{t+1})/t\} = U'(C_t)$ 可以得到：

$EU'\{(A_t + Y_t - C_t)[(1+r_{ft})w + (1+r_{at})(1-w)]\}(r_{at}-r_{ft})=0$

或 $EU'\{(A_t + Y_t - C_t)[(1+r_t)w + (1+r_{at})(1-w)]\}(r_{at}-r_t)=0 \tag{5-30}$

如果 $E(r_{at}-r_t)^2$ 较小，也就是风险资产超额收益率的方差较小，令 $A_t + Y_t - C_t = G$，将等式左边在 $G(1+r_{ft})$ 或 $G(1+r_t)$ 处进行一阶泰勒展开②：

---

① 若 f 为 [a, b] 上凹函数，则对任意 $x_i \in [a, b]$，$\lambda_i > 0$（$i = 1, 2, \cdots, n$），$\sum_{i=1}^{n}\lambda_i = 1$，有 $f(\sum_{i=1}^{n}\lambda_i x_i) \geqslant \sum_{i=1}^{n}\lambda_i f(x_i)$。

② $f(x) = f(a) + f'(a)(x-a)$。

$$U'\{G[(1+r_{ft})w+(1+r_{at})(1-w)]\}E(r_{at}-r_{ft})$$
$$=U'\{G(1+r_{ft})\}E(r_{at}-r_{ft})+U''\{G(1+r_{ft})\}E(r_{at}-r_{ft})U\{G(r_{at}-r_{ft})\}(1-w)$$
$$(5-31)$$

$$或\ U'\{G[(1+r_t)w+(1+r_{at})(1-w)]\}E(r_{at}-r_t)$$
$$=U'\{G(1+r_t)\}E(r_{at}-r_t)+U''\{G(1+r_t)\}E(r_{at}-r_t)U\{G(r_{at}-r_t)\}(1-w)$$
$$(5-32)$$

家庭风险资产的投资比例为:

$$1-w\approx\frac{1}{-\dfrac{U''[G(1+r_{ft})]}{U'[G(1+r_{ft})]}}\left[\frac{E(r_{at}-r_{ft})}{E(r_{at}-r_{ft})^2}\right]$$

$$或\ 1-w\approx\frac{1}{-\dfrac{U''[G(1+r_t)]}{U'[G(1+r_t)]}}\left[\frac{E(r_{at}-r_t)}{E(r_{at}-r_t)^2}\right] \qquad (5-33)$$

在金融资产的风险 $E(r_{at}-r_{ft})^2$ 与风险溢价 $E(r_{at}-r_{ft})$ 不变的情况下,家庭的风险厌恶度 $-\dfrac{U''(\cdot)}{U'(\cdot)}$ 越大,风险资产的投资比例越少。这说明,当家庭面临不确定的未来时,由于风险规避性,家庭投资者将更多地寻求一种稳定的、风险低的金融资产投资方式——无风险资产或者储蓄存款。

3. 无风险类资产供给的数量约束导致家庭将资产大多数配置在储蓄存款上

因为前文中令 $\alpha\vartheta+1-\vartheta=w$,则 $w=1-\vartheta+\alpha\vartheta$。当未来收入面临不确定性的时候,w 上升,其原因是 ϑ 减小还是 α 增大,无法判断。无风险资产与储蓄存款之间的比例取决于 r_t 和 r_{ft}。前面的分析假定 $r_{ft}=r_t$,但事实上 $r_{ft}>r_t$,投资将会集中在收益率为 r_{ft} 的无风险类资产品种上。中国记账式国债市场购买的排队现象就是一个例子。现在的问题是,市场上究竟有没有足够多的无风险资产供投资者选择? 无风险类资产供给的数量约束导致行为人的谨慎性需求得不到满足,从而具有较强风险规避倾向的资产只能滞塞在储蓄存款上,那么可以肯定地说,是数量约束导致 ϑ 减小,这里将由于无风险资产缺乏产生的储蓄称为"强制性银行储蓄"。

由上述分析可见,由于中国家庭在经济转轨时期对未来收入和支出存在不确定性的预期,因此,家庭配置减少当前消费、增加储蓄,而且在金融资产配置上寻求具有较为安全投资回报的产品。从家庭居民踊跃认购国债、交易所债券市场长券短炒现象等可以看出，大多数人对相对安全、利息收入又高于银行储蓄存款的投资工具存在巨大需求，然而中国的证券市场和保险市场为居民家庭提供的安全性、流动性和盈利性匹配较好的产品仍显不足。目前在中国证券市场上的可交易品种中，风险结构倒置，大约80%为高风险产品，20%为低风险产品。这种不合理的倒金字塔形结构显然与广大投资者的长期理财需求不匹配。

4. 风险资产缺乏风险溢价的时候将降低家庭对它的持有

在时间 t，家庭能够选择把资产转移到 n 个风险资产中的任何一个中去获得一个随机的收益率 r_{iat}，r_{iat} 为向量，$i = 1 \cdots n$。在无风险资产与储蓄存款中，令他们的收益率相等为 r_t。这意味着在时间 t，$n + 1$ 个一阶条件的集合是：

$$0 = EU'[C_{t+1}(r_{iat} - r_t)/t] \quad i = 1 \cdots n \tag{5-34}$$

等价地，对于标记第一时刻与第二时刻省略时间指数：

$$0 = EU'[C_{t+1}(r_{iat} - r_t)] + cov[U'(C_{t+1}r_{iat})] i = 1 \cdots n \tag{5-35}$$

均衡的时候，资产 i 的预期收益为：

$$E[r_{iat}] = r_t - \frac{cov[U'(C_{t+1}r_{iat})]}{EU'[C_{t+1}]} \quad i = 1 \cdots n \tag{5-36}$$

这说明一种资产提供的预期收益率升水（相对于无风险收益率）与该资产的收益率和消费间的协方差成正比。家庭在跨期消费中，根据预期资产收益进行选择，预期的资产收益率将会随着远期消费的边际效用降低而降低。也就是说，如果把资产收益率对未来消费的影响程度 cov（·）理解为风险，那么式（5-36）的意义是，考虑到风险状况，家庭需要一个风险溢价作为贴补，风险溢价就是该资产提供的预期收益率相对于无风险收益率的升水。

假设存在一个资产或者资产组合 m，满足 $U'(C_{t+1}) = -\lambda r_{mat}$，那么对于所有的风险资产：

$$cov[U'(C_{t+1})r_{iat}] = -\lambda cov(r_{mat}r_{iat}) \tag{5-37}$$

对于资产组合 m，式（5-35）意味着：

$$E[r_{mat}] = r_t - \frac{cov[U'(C_{t+1})r_{mat}]}{EU'(C_{t+1})} = r_t + \frac{\lambda var(r_{mat})}{EU'(C_{t+1})} \tag{5-38}$$

代入式（5-36），整理可得：

$$E[r_{iat}] - r_t = -\frac{cov[U'(C_{t+1}r_{iat})]}{EU'[C_{t+1}]} = \frac{\lambda cov(r_{mat}r_{iat})}{EU'[C_{t+1}]} = \frac{\lambda cov(r_{mat}r_{iat})}{EU'[C_{t+1}]} \frac{EU'[C_{t+1}]}{\lambda var(r_{mat})}$$

$$\frac{\lambda var(r_{mat})}{EU'[C_{t+1}]} = (E[r_{mat}] - r_t)\left[\frac{cov[r_{iat}r_{mat}]}{var(r_{mat})}\right] \tag{5-39}$$

定义 $\beta_i = \dfrac{\mathrm{cov}[r_{iat}r_{mat}]}{\mathrm{var}(r_{mat})}$，那么：

$$E[r_{iat}] - r_t = \beta_i(E[r_{mat}] - r_t) \tag{5-40}$$

式（5-40）就是消费的资产定价模型（CCAPM），系数 β_i 为 r_{iat} 对 r_{mat} 的回归系数，可以理解为跨期消费的边际效用替代率。那么，资产的风险溢价与资产收益和跨期消费的边际效用替代率之间的协方差成正比。

如果将式（5-40）中的 r_{mat} 理解为市场组合收益率，那么该式就是证券市场线（SML）的表达式，反映了风险溢价和市场预期收益率之间的关系，如图5-2所示，SML线的点表示资产价格等于价值，SML线下的点表示价格高估，SML线上的点表示价格低估。

在SML线上，均衡的结果是不同的风险资产根据其风险 β 与预期收益率 $E[r_{mat}]$，定位在线上的不同位置。在这样的市场里，不同的投资者将有不同的偏好，需要不同的投资组合。金融工具的多样化为购买者回避风险提供了方便，多样化的证券使得购买者便于将资产分配在能够得到盈利的各种资产上。

如果市场处于非均衡的状态，风险资产的风险大而缺乏相应的风险溢价，那么意味着在风险资产上的投资部分将会减少。购买者是否购买取决于其所提供的超额期望收益率是否足够补偿风险。引起市场非均衡的原因有以下几种情况：

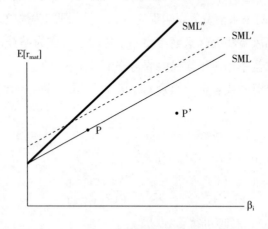

图5-2　证券市场线

（1）系统性风险变化。系统性风险增大意味着资产从左（低系统性风险的区域）向右（高系统性风险的区域）移动，那么，如图5-2所示，P点的资产可能移动到 P' 的位置，当 SML 不变的时候，P 点的资产原本处于均衡的状态，现在位于 SML 以下，处于高估的状态。原因是系统性风险增大导致资产的要求回报率增大，如果 SML 不变，则当前的价格会下跌；反之，系统性风险减小则资产从右往左移动，P 点位于 SML 以上，处于低估的状态，原因是系统性风险减小导致资产的要求回报率减小，如果 SML 不变，则当前的价格会上升。

（2）交易成本变化。在模型的假设中规定了交易成本为零，而事实上，交易成本一定会存在，金融市场中交易成本的不同使得 SML 变为具有一定宽度的条状。交易成本的增加使得 SML 向上移动，原本处于线上的 P 点现在位于 SML 的下方，价格高估。反之，交易成本减少使得 SML 向下移动，原本处于线上的 P 点位于 SML 的上方，价格低估。

（3）行为人的风险厌恶程度变化。行为人风险厌恶程度会影响 SML 的斜率，风险厌恶程度越高，说明同样承受一定的风险需要更高的风险溢价，那么 SML 斜率变大，原本处于线上的 P 点现在位于 SML 的下方，价格高估。反之，风险厌恶程度越低，说明同样承受一定的风险需要更低的风险溢价，那么 SML 斜率变小，原本处于线上的 P 点位于 SML 的上方，价格低估。

根据假设前提，$\alpha\vartheta + 1 - \vartheta = w$，则 $w = 1 - \vartheta + \alpha\vartheta$，投资（1 - w）部分减少意味着 ϑ 减小或者 α 增大，这说明在面临未来投资收益的不确定性预期前提下，行为人主要的目标是进行存款与无风险投资，而对存在高风险与缺乏足够风险溢价的风险资产敬而远之（袁志刚和冯俊，2005）。

中国转轨经济的制度冲击在短期内难以消除，因此，制度冲击对家庭金融资产配置将产生较大的影响。由储蓄的谨慎性特征导致的强制性银行储蓄增加存在可能性，但是强制性银行储蓄是否增加还要与不同金融资产之间的预期收益率进行比较。

股票等市场虽然存在风险，但是只要市场中存在足够的溢价，家庭仍然会选择这样的风险资产。现在的问题是，中国市场是否存在足够的风险补偿？β 系数反映系统性风险，该风险无法分散，能够分散的只有非系统性风险。

表 5 - 2 中列出了中国 A 股市场 1995 ~ 2018 年历年的 β 系数。β 系数从 1995 年到 2004 年逐步上升，2005 ~ 2006 年略有下降。从 2005 年至今，按照市值加权的 β 系数基本稳定在 1 左右，β 系数在行业间的差异越来越大，因此，在现有的文献中较少有关于市场系统性风险的研究，大多是对各行业 β 系数的测量。β 系数的逐步增加说明市场风险逐年增加。

表5-3列出了部分西方国家股市中系统性风险的比例,系统性风险占比越大,股市中需要补偿的风险溢价越多,1995~2001年中国股票市场的系统性风险平均占比为70.84%(周岩,2003),相比表5-3中的国家,中国股市的系统性风险是很高的。单独将中国股市与美国股市作比较,中国股市的平均市场风险(以标准差表示)大约是美国股市的两倍,而平均市场收益率只有美国股市的一半。也就是说,中国股市的市场风险比美国股市高得多,而对应的风险补偿则低得多,中国股市每单位风险的收益只有美国股市的1/4左右。股票市场上的风险 - 补偿结构,使得中国的家庭逐渐远离股市。这足以说明现在居高不下的银行储蓄与中国资本市场的严重滞后是分不开的。

表5-2 中国 A 股市场 1995~2018 年历年 β 系数

年份	1995	1996	1997	1998	1999	2000
β 系数	0.65	0.98	0.92	0.97	0.89	1.02
年份	2001	2002	2003	2004	2005	2006
β 系数	1.019	1.083	1.105	1.133	0.914	0.993
年份	2007	2008	2009	2010	2011	2012
β 系数	0.944	1.157	0.982	0.997	1.205	1.300
年份	2013	2014	2015	2016	2017	2018
β 系数	1.239	1.015	1.208	1.243	1.155	1.114

资料来源:国泰安数据库。

表5-3 主要西方国家股市中系统性风险的比例 单位:%

国家	美国	英国	法国	加拿大	意大利	瑞士
系统性风险	26.8	34.5	32.7	20.0	39.8	23.9

资料来源:埃尔顿等. 现代组合理论与投资分析 [M]. 北京:人民大学出版社,2007.

除了股票市场之外,债券市场发展严重滞后,债券余额占金融资产的比重很低,且债券发行以国债、金融债为主,企业债券的规模及其在债券余额中所占比重很小。衍生金融工具作为投资者规避或分散经营与投资风险的重要手段,发展滞后。资本市场没有提供给投资者足够的、进行风险规避的工具。最终,家庭的大量资产被"逐出"资本市场,大量堆积在能为家庭提供低风险、稳定收益的产品上,如房地产、理财产品等。

第六章 互联网金融影响家庭资产配置的实证分析

一、基本概念

(一)"互联网+"

"互联网+"概念的提出,最早可以追溯到2012年11月易观国际董事长兼首席执行官于扬在第五届移动互联网博览会上的发言。他认为,在未来,"互联网+"应该是我们所在的行业的产品和服务,在与我们未来看到的多屏全网跨平台用户场景结合之后产生的这样一种化学反应。然而当时并未引起众人的注意。

时隔两年半,马化腾在两会提交议案,表示"互联网+"是指利用互联网的平台、信息通信技术把互联网和各行业跨界融合,推动产业转型升级,并不断创造出新产品、新业务与新模式,构建连接一切的新生态。

2015年3月5日,李克强总理在第十二届全国人民代表大会三次会议的《政府工作报告》中首次提出制定"互联网+"行动计划,表示"互联网+"代表一种新的经济形态,即充分发挥互联网在生产要素配置中的优化和集成作用,将互联网的创新成果深度融合于经济社会各领域之中,提升实体经济的创新力和生产力,形成更广泛的以互联网为基础设施和实现工具的经济发展新形态。

（二）互联网金融

自互联网金融概念提出，学术界就存在两种不同的声音：一个是以吴晓求（2014）为代表，认为互联网金融是一种新的金融模式和运行结构；另一个是以陈志武（2014）为代表，认为互联网金融是通过互联网这一技术手段来运作的金融业务，只是金融的销售和获取渠道上发生变化，金融交易的本质并没有发生改变。两种观点出现分歧的根本原因在于对互联网的界定不同。早前，谢平（2012）从市场中介和融资的角度表示互联网金融是第三种金融融资模式，在2015年互联网金融进一步表示为涵盖互联网影响，有传统金融中介、市场和无金融中介、市场之间的所有金融交易和组织形式。与陈志武对互联网的看法不同，他认为互联网在金融的发展中充当的作用不能简单地定义为一种技术或者工具，其本身就是一个金融市场，促成金融交易和组织形式发生根本性变化。

2014年，央行发布《中国金融稳定报告2014》首次对互联网金融的内涵进行了界定，并将业务分为广义和狭义两种：广义的互联网金融既包括非金融机构从事金融业务（互联网金融），也包括金融机构通过互联网开展金融业务（金融互联网）；前者就是狭义的互联网金融，也就是我们普通意义上所指的互联网金融。

综上分析，我们发现"互联网＋"提供了互联网和任何行业的可能性，这个"＋"不是简单的相加，而是强调融合，这种融合中最重要的当属通信基础设施和流通体系建设。而互联网金融的异军突起正是"互联网＋"的特征与要求——跨界融合。"互联网＋金融"就是通过融合实现创新，通过融合发现价值，通过融合提供效能和竞争力。互联网金融是"互联网＋"创新最强的领域，被李克强总理称为"异军突起"；互联网和传统行业的冲突与合作始终存在，双方在很多方面实现智慧融合。所以若读懂了互联网金融，对理解"互联网＋其他行业"就有很强的借鉴作用。互联网金融作家"北京九叔"曾说，互联网金融是一个伪概念，应该是互联网金融＋实体经济，甚至包括互联网商业、电商，这种模式是互联网金融服务实体经济、促进实体经济的发展，这是投资者获取高收益理财的真正来源，也是促进国民经济和产业发展的真正原因，也是为什么互联网金融能得到国家战略支持的重要原因，不能只看到互联网金融的模式，更应该理解通过这个模式所带来的系列传导效应。

二、互联网金融影响家庭资产配置的路径分析

互联网金融存在多种形态，《中国互联网金融发展报告2014》和北京大学互联网金融研究中心（2015）对狭义的互联网金融进行了划分，如表6-1所示。综合以上本书的研究目的和业务划分，本书将互联网金融划分为金融互联网、互联网融资、互联网金融服务和互联网征信四个模块，然后按照上述划分分析互联网金融中具有代表性的业务对家庭资产配置的影响。

表6-1　狭义的互联网金融业务模块划分

基于"互联网企业利用互联网技术从事金融业务"的划分		北大数字金融研究中心的划分	《中国互联网金融发展报告》的划分
传统金融业务	互联网金融细分业务	互联网金融业务分块（共6块）	互联网金融业务分块（共3块）
银行	存款　货币基金	互联网货币基金	互联网金融服务
	贷款　P2P（直接融资）	互联网投资理财	互联网融资
	小微贷（个人消费贷和小微企业贷）	互联网信贷	
	支付　第三方支付	互联网支付	互联网金融服务
	理财销售渠道　互联网渠道：保险、基金、信托等理财销售平台	互联网投资理财	互联网融资
证券	IPO业务　股权众筹		
	股票经纪业务　股票投资资讯平台		
保险	保险产品：车险、健康险、意外险、旅游险等　互联网渠道销售传统保险产品	互联网保险	互联网金融服务
	理财险		
	运费险		
基金	基金投资　互联网理财销售平台	互联网投资理财	互联网融资
央行支持服务	征信服务　互联网征信	互联网征信	互联网征信

资料来源：《中国互联网金融发展报告2014》和北京大学互联网金融研究中心（2015）。

（一）金融互联网

互联网金融的发展对以资本市场为主体的传统金融业务造成冲击。互联网金融凭借低成本运营、低门槛服务、大数据处理等能力在银行等传统金融业务中占领优势地位，例如，互联网金融弱化了商业银行最大的中介功能——支付结算和信贷融资，不光压缩了银行的利润空间，还提高了银行的吸储成本。

面对来势汹汹的互联网金融，传统银行不得不进行调整，从借鉴对方的优势到逐步融合发展，实现产品和业务的创新。第一，积极开展线上服务，实现线上线下服务一体化。线上提供柜台业务、生活缴费和简单的理财购买等服务，有助于客户服务便利化，降低交易的成本；线下注重客户咨询和满意度服务。第二，一方面与互联网金融企业合作，另一方面积极探索开展小额理财等新业务，为长尾客户提供更多的服务。第三，区分客户层次，提供差异化服务。依托客户行为系统分析，预测客户潜在需求，以互联网营销的方式推介金融产品服务，提高客户的黏性和服务满意度。高净值客户是银行的优质资源，也是银行资金的重点来源，可发展高端理财、个性定制业务，同理，可以向低净值客户提供经济适用性服务。国内银行在细分客户方面做得远远不够，可以借鉴国外银行的发展经验。第四，重点放在机构、团体业务上，尽量办理大额资金借贷、高端理财等业务，充分发挥银行在信用、资金实力、贷后监督方面的优势，能更好地满足小微企业的理财和融资需求。

在银行热火朝天地开展互联网化业务的时候，证券、基金等金融机构也在积极布局金融互联网业务。2000 年证监会出台的《网上证券委托暂行管理办法》标志着我国网上证券经纪业务的开始，随着互联网交易模式和创新业务的开展，现在券商基本实现网上开户、代客理财等业务，使得证券经纪业务没有存在的必要。在基金方面，基金销售放宽准入资格，使得一些符合资格的第三方机构被允许进行基金代销。与传统基金业务相比，互联网基金操作更便捷高效，资金交易门槛和购买基金理财产品费率更低，在很大程度上为中低等收入家庭提供了投资渠道。

目前，我国金融互联网还处在幼稚的发展阶段，通过互联网技术实现传统金融业务的网络化操作，还需要不断利用互联网在市场和技术上的优势创新发展传统金融业务，对传统金融机构进行改革，发挥其在资源整合和产业链整合中的作用。

（二）互联网融资

互联网融资主要分为互联网信贷和互联网投资理财。互联网信贷指个人消费贷和小微企业贷（网贷）。互联网投资理财主要指 P2P、众筹和互联网理财销售平台业务（在此不作分析重点），从资金输出方的角度看是投资行为，从资金接收方角度又可以看作是融资行为，参考《中国互联网金融发展报告 2014》的划分，将这部分归为互联网金融融资方式。

个人消费贷类似于信用卡消费模式，但又有所不同，最大的优势是不需要随身携带信用卡，通过移动终端就可以便捷地实现时时消费和超前消费，典型代表有蚂蚁花呗和蚂蚁借呗。这也是一种理财方式，用蚂蚁花呗实现当下消费，而原本用于当下消费的资金可以购买互联网金融理财产品，获得额外的套利。小微企业贷就是传统小额贷款的互联网化，以电商网络小贷为主，其背后是强大的互联网电商巨头作为支撑。例如阿里小贷，电商平台拥有源源不断的客户信用数据和交易数据，贷前，通过建立信用评估模型，量化信用指标起到有效筛选优质客户的目的；贷中，借助高科技信息技术可以实现远程监控、实时预警；贷后，电商平台和小贷系统设有严格的曝光、禁入等违约惩罚措施，减少了小微企业贷款方的机会主义倾向。整个互联网信贷运作模式大大降低了信息不对称和信用系统不完善所带来的逆向选择和道德风险，为个人、家庭和中小企业融资、投资提供了多种选择。

P2P 是点对点的网络借贷平台，通过平台让借贷双方直接建立联系，撮合交易。互联网众筹是指筹资者借助互联网平台向网友展示创意、项目等，然后进行资金筹集，一般是无偿捐赠或者以股权、未来的利润等作为回报。

互联网信贷、P2P 和众筹在家庭资产配置中具有很大的优势。家庭作为投资方来说，互联网金融融资产品首先流动性强，互联网金融融资的优势有四点：第一，短期融资需求巨大，回报周期短；第二，收益率高，虽然最近两年有所下降，但是仍高于普通的理财产品；第三，门槛低，都是小额投资，能合理利用闲散资金；第四，操作简单，利用移动终端、碎片化时间进行管理。互联网金融融资平台是由专业的金融企业和互联网巨头创办，依托丰富的客户资源、强大的互联网平台、过硬的大数据处理和云计算技术，具有强大的资金汇集能力，具有贷款门槛低、贷款成本低于民间借贷等优势。当然，高收益必然伴随着高风险。由于门槛过低和监管的缺陷，导致 P2P 平台容易出现资金周转困难、"跑路"、倒闭等问题。互联网金融是最近几年的产品，我国的监管在这方面也是摸着石头过河，另外，我国没有完善的征信体系，交易双方存在严重的信息不对称，在 P2P 业务方面体现得尤为明显。P2P 公司一般是小型企业，没有像网贷公司那样强大的背景，业务模式是纯线上，或者线上线下相结合，存在一定的尽调成本。P2P 还有一个最重要的风险值得人们在资产选择的时候重点关注，即资金错配风险。

综上所述，家庭在资产选择中，若倾向通过互联网融资方式投资，需要充分考察公司和项目背景，综合家庭的实际经济能力选择家庭能够接受的风险收益项目。对于无法从传统银行获取融资服务的小微企业和家庭来说，互联网融资是一个不错的选择。

（三）互联网金融服务

互联网支付和互联理财是互联网金融服务的两种主要方式，互联网保险因主要涉及电商运费，所以在此不做具体分析。

互联网支付是我国互联网金融发展最早、最成熟的领域，有人甚至称其为"互联网金融的起源"，主要表现形式有网上银行、第三方支付、移动支付。目前市场上第三方支付公司运营模式可归为两大类：①独立第三方支付模式。这种模式主要为企业端提供支付的相关服务，不承担交易担保职能，在行政教育考试等行业较为常见，以银联在线为代表。②以支付宝、财付通为首的依托 B2C、C2C 电子商务平台提供担保功能的第三方支付模式。这种模式的支付平台主要作为电子商务的配套服务，一方面与各大商业银行建立合作关系，为用户提供支付结算服务，另一方面利用支付平台自身的实力和信誉为交易双方提供信息中介服务，弥补商家和客户之间信息不对称的缺陷，这也是第三方支付起源的最主要原因，致力于解决跨地区贸易和信用问题。互联网支付具有显著的网络外部性，不仅因消费者使用数量的增加能提高每一个用户的使用价值，也因商户使用数量的增加而提高使用价值。互联网支付是大型电子商务平台最重要的支付方式，二者的合作有助于资源共享和优势互补，降低双方的交易成本并分摊风险。电子商务平台的用户增加，会增加电商平台对互联网支付的黏性；当互联网支付的用户增加时，同样会增加对电子商务的网络外部性。这种相互增强的网络效应会提高彼此的市场份额并降低市场的进入壁垒。目前，移动支付技术不断升级，支付场景不断丰富，"互联网＋产业＋金融"的模式正在全面构建，随着大数据和云计算的运营，互联网推动医疗、教育、农业、旅游、传媒和交通运输等行业向 O2O

创新，全方位地影响和改变人们的消费、支付方式，促进了互联网消费金融的发展。

互联网支付进行渠道的创新，开通了购物消费和个性化理财的综合金融服务渠道，典型代表就是支付宝。支付宝上余额宝的发展引发了各方对互联网金融理财产品关注的热潮。

互联网理财产品在家庭资产配置中存在比较优势。第一，最重要的也是投资者最关心的收益率。互联网理财有四种运行模式：①理财模式。即与专业第三方销售平台合作；②直销模式；③支付模式，以支付宝和余额宝为代表；④电商模式。无论采取何种方式，基金公司凭借平台优势和客户资源能降低基金运行成本，使得互联网货币基金的费率比普通的货币市场基金要低，最终使得互联网理财产品的收益率较高，而且每日可见。第二，参与门槛低。与普通货币基金千元起购和银行理财产品万元起购相比，互联网金融几乎没有设置投资下限，这为如大学生小额资金、家庭日常备用金等零散资金提供了理财渠道，有效缓解了金融排斥，使得更多的长尾群体受益，同时也提高了全民的投资意识。第三，操作便利，给客户极好的交易体验。客户可以在手机等移动终端上利用上下班等碎片化时间进行投资。第四，流动性强。互联网货币基金的"T+0"赎回机制，以及理财平台终端与网银、第三方支付账号链接，可以实现资金时时存取、转账结算等操作，流动性类似于银行活期存款，但收益比银行存款高。第五，安全性高，风险低。首先，产品本身属于低风险产品，预警线设置基本确认保本，其次，该类产品的推出者拥有强大的资金和技术支持，具备足够的风险管理能力。

综上所述，互联网理财在收益率、便利性、流动性等方面的比较优势对我国传统金融产品投资形成一定的冲击。互联网理财产品的市场定位为日常现金管理，相比银行存款有较高的收益率，较高的流动性可以实现时时存取转账，从而吸引公众投资互联网理财产品以替代银行活期存款，为公众带来更高的收益。此外，互联网理财产品的出现使得理财成为家庭的日常生活方式，家庭投资意识不断增强，公众对经济金融信息的关注度也不断提升，潜移默化地提高了家庭对金融市场的参与度，分散家庭资产风险，最终实现家庭资产收益最大化和效用最大化。互联网支付虽然没有直接对家庭资产配置产生影响，但它是家庭消费、理财的重要工具，是互联网金融发展的基础，它的发展在很大程度上决定了互联网金融的发展高度，间接影响了家庭资产配置行为。此外，它还起到资源整合的作用。移动支付、场景支付的发展促使"互联网＋产业＋金融"模式的构建，从而促进了各产业的联合发展，也促进了互联网消费金融的发展。

（四）互联网征信

互联网金融虽然能提供便利服务，能降低交易成本，促进金融普惠发展，但是互联网金融的本质仍是借助互联网技术和平台发展金融业务，互联网使人们忽视了彼此时间和空间的界限，因此容易引发信用风险；互联网金融作为最近几年才发展起来的业务，在很大程度上缺乏严格的监管，容易引发系统性风险和监管套利等问题。为降低或消除这些风险，需要实施有效的监管，征信就是其中最有效的一种监管方式。简单来说，征信就是通过搜集、整理信用主体的信用信息并对外提供信用报告、信用评估等相关服务，帮助客户判断、控制信用风险，保护投资者的利益，能有效地降低由于信息不对称所产生的逆向选择和道德风险。

征信是互联网金融发展的基础和重要组成部分。所谓"根基不牢，地动山摇"，在互联网金融中，好的征信体系有助于降低跨界和跨地区交易双方的信息不对称风险，降低建立客户诚信档案的成本。而互联网金融也为征信提供了源源不断的数据和强有力的信息技术支持。

基于大数据技术、面向互联网金融的征信体系称为互联网征信。与传统的征信体系相比，首先，互联网征信拥有广大的数据来源。除了传统信用数据，网民在互联网上的社交、支付、网购等行为数据和关系数据都可以成为互联网征信体系的数据源，显著地降低了征信的信息搜寻成本，而且互联网金融数据时时更新，使得信用信息的时效性更高。其次，互联网提高了信用覆盖人群。基于互联网上的数据来源，凡是使用互联网的用户均可享受信用服务，大大解决了个人、小微企业的信用记录问题。再次，信用评估方式更加全面。新的征信模型使用更多地影响变量和数据，减少数据偏差，使得新信用评分结果具有更高的代表性和说服力。最后，大数据、云计算等技术使得"一切数据皆为信用"成为可能。原来海量、庞杂、看是无用的数据，经过高端技术的清洗、匹配、整合和挖掘，可以转换成信用数据，而且信用评估的效率和准确性也进一步得到提升。互联网征信的创新使普惠金融成为可能。

对于个人和家庭而言，互联网征信系统的建立，能有效降低家庭在进行互联网投资理财中因信息不对称而产生的逆向选择概率和道德风险。作为投资者，通过查看借款者的信用评分，一方面，可以判断未来产生信用风险的概率，从而降低损失；另一方面，可以实现风险和收益的匹配。从资金需求者的角度来看，资金需求者可以根据自身的信用评分结果，合理选择由不同的金融机构提供的配套服务，避免资金期限错配问题导致违约风险，进而避免信用的恶性循环。目前，国内真正发挥作用的征信体系主要是央行的征信系统，数据也仅限于客户与银行之前的信贷交易数据，导致大量的个人和小微企业不在其服务范围，覆盖面非常有限。因此，应该积极推进互联网征信体系的建设，让信用服务生产和生活。

互联网金融因便利性、投资收益等方面的比较优势对我国传统金融投资品形成了一定冲击。家庭需要依靠自身对收益的追求、风险承受能力和当前的市场形势调整资产配置，以最大化家庭投资组合的收益。第三方支付和互联网理财为家庭小额投资提供了更多可能。互联网金融融资渠道一方面为更多的中小微企业解决了融资渠道，另一方面也为家庭提供更多的高收益投资渠道。互联网征信作为互联网金融的基础，需要不断地建设和完善，不仅能解决目前互联网金融发展存在的问题，更重要的是还能建立信用机制，为互联网金融的未来发展再续动力。

通过以上分析，笔者认为互联网金融的发展影响了家庭对资产的配置，提高了家庭对金融市场的参与度和投资比例。第一，互联网金融降低了投资理财的门槛，直接为居民、家庭提供了很多高收益、高流动性、低风险的金融产品，丰富了可投资的产品市场，促使家庭可以根据预期收益、风险承受能力和当前的市场形势灵活地选择、调整资产配置，最大化家庭的资产收益。第二，互联网金融改变了人们消费、支付和生活方式，个人消费贷使得超前消费意识深入人心，互联网支付改变了人们的支付方式，减少了现金、存款持有比例，互联网支付与电商平台的结合，大大改变了人们的衣食住行。第三，互联网金融作为一种新兴的行业，带动了相关行业、产业的改革、创新和发展，提高了金融、经济的发展水平；最终这个大环境的改变反过来进一步影响人们的生活、消费和投资。

三、互联网金融影响家庭金融资产参与度的实证分析

本书的被解释变量主要分为两类：资产参与度和资产占比。资产参与主要分析变量对股票市场、金融理财市场、其他金融市场和风险资产参与的影响；资产

占比主要考察变量对股票占家庭金融资产比例、风险资产占家庭金融资产比例、金融资产占总资产比例的影响。

由于本章所要研究的第一个被解释变量是关于是否问题的研究，属于离散型变量，所以二值选择 Probit 模型。其计算公式为：

$$Y_i^* = \beta_0 + \beta_1 X_1 + \beta_2 X_2 + \beta_3 \text{Interfinance} + \varepsilon_i \quad \varepsilon_i \sim N(0,1) \tag{6-1}$$

$$Y_i = \begin{cases} 1 & Y^* > 0 \\ 0 & Y^* \leq 0 \end{cases} \tag{6-2}$$

在式（6-1）和式（6-2）中，Y_i 表示家庭目前是否参与股票市场、金融理财市场、其他金融市场和风险资产，取 1 表示参与，0 表示不参与。X_1 表示人口特征变量，X_2 表示家庭特征变量，Interfinance 表示互联网金融发展指数。

本章研究的第二个被解释变量是占比问题，取值介于 0 和 1，选择 Tobit 模型。其计算公式为：

$$y_i^* = \alpha_0 + \alpha_1 X_1 + \alpha_2 X_2 + \alpha_3 \text{Interfinance} + u_i \quad u_i \sim N(0,\sigma^2) \tag{6-3}$$

$$y_i = \begin{cases} y^* & y^* > 0 \\ 0 & y^* \leq 0 \end{cases} \tag{6-4}$$

在式（6-3）和式（6-4）中，y_i 表示股票占家庭金融资产的比例、风险资产占金融资产的比例、金融资产占总资产的比例，其他变量设定与 Probit 模型一致。

收益性和风险性是金融市场典型的两大特征，被解释变量金融市场参与度特指家庭是否拥有任何一种风险资产。通过购买风险资产，家庭可以参与到金融市场，使家庭资产结构更多样化。若家庭不持有任何一种风险资产，被解释变量取 0。由于股票资产是典型的风险资产，而且也是家庭最容易接触到、使用频率较高的一种资产，所以本章选取家庭是否持有股票作为显示家庭、是否多样化配置金融资产的一个指标。为对比分析，还增加理财产品和其他金融资产的参与概率分析。

为对比分析互联网金融是否对因变量产生影响，本章特地将模型分为含有互联网金融和不含互联网金融两组，如表 6-2 所示即模型（1）、模型（3）、模型（5）、模型（7）是传统变量影响模型，模型（2）、模型（4）、模型（6）、模型（8）是含有互联网金融的实证模型。

表 6 - 2　2015 年家庭金融资产参与概率的 Probit 回归结果

Variables	股票参与		理财参与		其他金融资产参与		风险资产参与	
	(1)	(2)	(3)	(4)	(5)	(6)	(7)	(8)
interfinance	—	0.104 ***	—	0.083 ***	—	0.00118	—	0.0111
		(0.0118)		(0.00915)		(0.00741)		(0.00765)
hhead_ age	0.0129 *	0.0169 **	- 0.041 ***	- 0.039 ***	- 0.026 ***	- 0.026 ***	- 0.025 ***	- 0.025 ***
	(0.00659)	(0.00666)	(0.00480)	(0.00482)	(0.00387)	(0.00388)	(0.00394)	(0.00394)
age2	- 0.000143 **	- 0.000185 ***	0.000353 ***	0.000330 ***	0.000138 ***	0.000138 ***	0.000143 ***	0.000140 ***
	(6.4e - 05)	(6.48e - 05)	(4.61e - 05)	(4.63e - 05)	(3.69e - 05)	(3.69e - 05)	(3.74e - 05)	(3.75e - 05)
gender	- 0.092 ***	- 0.092 ***	- 0.115 ***	- 0.114 ***	0.0163	0.0163	0.00610	0.00607
	(0.0294)	(0.0295)	(0.0225)	(0.0226)	(0.0170)	(0.0170)	(0.0174)	(0.0174)
hhead_ edu_ year	0.0650 ***	0.0676 ***	0.054 ***	0.055 ***	0.023 ***	0.023 ***	0.033 ***	0.033 ***
	(0.00468)	(0.00473)	(0.00353)	(0.00356)	(0.00257)	(0.00257)	(0.00261)	(0.00262)
marriage	- 0.0215	- 0.0131	- 0.147 ***	- 0.138 ***	- 0.072 ***	- 0.072 ***	- 0.0505 **	- 0.0493 *
	(0.0418)	(0.0420)	(0.0314)	(0.0315)	(0.0251)	(0.0252)	(0.0257)	(0.0257)
hhead_ risk_ atit	- 0.173 ***	- 0.179 ***	- 0.106 ***	- 0.109 ***	- 0.083 ***	- 0.084 ***	- 0.108 ***	- 0.108 ***
	(0.0120)	(0.0121)	(0.00945)	(0.00948)	(0.00708)	(0.00709)	(0.00726)	(0.00726)
inv_ period	—	—	0.013 ***	0.012 ***	0.010 ***	0.010 ***	0.224 ***	0.223 ***
			(0.00246)	(0.00248)	(0.00234)	(0.00235)	(0.00868)	(0.00868)
fin_ knowledge	0.378 ***	0.394 ***	0.174 ***	0.187 ***	0.170 ***	0.170 ***	0.243 ***	0.245 ***
	(0.0332)	(0.0335)	(0.0268)	(0.0269)	(0.0223)	(0.0223)	(0.0233)	(0.0233)
hh_ pop_ num	0.0156	0.0155	0.00243	0.00266	- 0.000378	- 0.000390	1.60e - 05	- 0.000124
	(0.0101)	(0.0101)	(0.00790)	(0.00793)	(0.00567)	(0.00567)	(0.00576)	(0.00577)
city	0.733 ***	0.740 ***	0.516 ***	0.518 ***	0.083 ***	0.083 ***	0.125 ***	0.125 ***
	(0.0684)	(0.0689)	(0.0419)	(0.0420)	(0.0227)	(0.0227)	(0.0227)	(0.0227)
join_ indu	- 0.196 ***	- 0.162 ***	- 0.229 ***	- 0.204 ***	- 0.0260	- 0.0258	- 0.063 ***	- 0.061 ***
	(0.0414)	(0.0417)	(0.0317)	(0.0319)	(0.0231)	(0.0232)	(0.0237)	(0.0237)
self_ house	- 0.370 ***	- 0.204 ***	- 0.159 ***	- 0.0316	0.0857 **	0.0871 **	0.0602	0.0737 *
	(0.0642)	(0.0679)	(0.0488)	(0.0511)	(0.0376)	(0.0387)	(0.0386)	(0.0397)
rate_ house	- 0.294 ***	- 0.365 ***	- 0.700 ***	- 0.755 ***	- 1.081 ***	- 1.082 ***	- 1.100 ***	- 1.105 ***
	(0.0587)	(0.0598)	(0.0447)	(0.0453)	(0.0327)	(0.0329)	(0.0335)	(0.0337)
ln_ wage	0.00975 ***	0.00973 ***	0.0126 ***	0.0126 ***	0.0134 ***	0.0134 ***	0.0132 ***	0.0132 ***
	(0.00321)	(0.00323)	(0.00246)	(0.00246)	(0.00178)	(0.00178)	(0.00181)	(0.00181)

Variables	股票参与		理财参与		其他金融资产参与		风险资产参与	
	(1)	(2)	(3)	(4)	(5)	(6)	(7)	(8)
ln_ asset	0.324 ***	0.272 ***	0.327 ***	0.289 ***	0.306 ***	0.306 ***	0.326 ***	0.322 ***
	(0.0140)	(0.0151)	(0.0108)	(0.0115)	(0.00772)	(0.00819)	(0.00790)	(0.00835)
Constant	−6.490 ***	−6.340 ***	−4.529 ***	−4.415 ***	−3.268 ***	−3.267 ***	−3.490 ***	−3.484 ***
	(0.238)	(0.238)	(0.171)	(0.170)	(0.128)	(0.129)	(0.131)	(0.131)
Observations	33948	33948	36064	36064	36064	36064	36064	36064

注: 括号里为标准误。*** 表示 $p < 0.01$，** 表示 $p < 0.05$，* 表示 $p < 0.1$。

(一) 控制因素对金融市场参与的影响

通过模型 (1)、模型 (3)、模型 (5)、模型 (7) 来分析传统变量的影响。

(1) 户主年龄与股票参与度显著正相关，而年龄的平方与股票参与度显著负相关。这表明股票参与具有显著的 "年龄效应"：随着户主年龄的增长，户主的财富增长、内心成熟和金融素养也随之提高，使得投资者更倾向于投资股票，随着年龄增长，户主的人力资本下降，开始加大资产组合中低风险资产所占的份额，同时降低股票资产投资。而户主年龄对理财产品和其他金融产品投资却恰恰相反，可能是年轻时家庭总资产较少，加上家庭的生活需求，使得家庭无法投资风险更大的资产，随着户主年龄的增长，家庭的财富增长，投资的经验增加，使得家庭可以尝试选择其他更高收益的金融资产。户主对于每一种资产的投资都不是简单的线性关系。

(2) 户主性别与股票和理财产品的参与度显著负相关。这表明，户主为女性的家庭倾向于股票和理财产品投资，对于整体风险资产的投资不显著。

(3) 户主受教育程度与风险性金融资产参与显著正相关。正如上文所述，教育水平的提高显著提高了人力资本，一方面有助于增加家庭收入，另一方面提高了个人的学习能力，增加了对金融信息和机遇的正确感知，降低了其参与金融市场所需要投入的参与成本，从而能有效地提高家庭参与风险性金融资产投资的概率。

(4) 户主婚姻状况与其他风险性金融资产参与存在显著的负相关关系，对股票资产的参与无显著影响。已婚家庭虽然相对于未婚家庭来说收入更多、更稳定，但是已婚家庭往往都面临购房、买车、子女抚养、双方老人赡养等问题，担负了更多的家庭和社会责任，因而对更高风险金融资产的投资意愿较低，但作为家庭资产多样化的补充，人们会保留对股票的投资。

（5）对风险的态度表示户主对风险的厌恶程度与风险资产投资显著负相关，越厌恶风险越不愿意投资风险资产。

（6）在金融素养方面，无论是投资年限还是对金融知识的关注度都显著影响家庭对风险金融资产的投资。这两个因素越高表明家庭越能够理解金融产品的收益和风险，越注重资产配置和风险管理。

（7）家庭规模与风险资产参与不相关。这是因为家庭人口增多不仅带来了收入也带来成本，需要判断二者孰高孰低。因而，家庭规模的变动无法判断家庭经济的变动，进而也不能简单地从家庭规模判断家庭经济的能力。也就是说，家庭规模对家庭风险性金融资产投资的影响存在不确定性。

（8）关于家庭所处的地域影响是否参与风险资产。相对于农村家庭，城镇家庭和是否参与风险资产显著正相关。因为城镇家庭在金融服务和产品的可得性方面存在优势，信息的收集成本更低，对金融知识的接受和理解能力更强。

（9）是否从事工商业与股票、理财等风险性金融资产参与概率存在显著的负相关关系。这表明，自主创业在一定程度上会挤出家庭对股票、理财等风险性金融资产投资：一方面，企业运行要求较高的现金流，另一方面，风险投资必定会占据企业主的一部分时间和精力，特别是个体工商业。而对于信息密集度更高的其他金融资产不存在挤出效应，原因可能是家庭在进行工商业的时候需要期货、期权等衍生品来对冲从事工商业的风险。

（10）关于住房对家庭金融资产参与的影响，本章主要通过房屋的房产权和房产价值占家庭总资产的比重来分析。通过实证发现拥有住房的家庭更倾向于投资风险更高的金融资产，反而不倾向投资股票、理财产品。房产价值与总资产占比与家庭投资风险资本市场有显著负相关。这说明，房产投资对家庭参与风险资本市场存在明显的挤出效应。一方面，房屋资产价值高的家庭更有可能背负高额房贷，从而存在较高杠杆比（这部分内容将在第九章阐述），资产组合风险较高，在这种情况下家庭出于谨慎会避免高风险的资产，从而挤出了家庭对风险金融资产的投资。另一方面，拥有住房相关负债的家庭由于背负还贷的压力，可用资金受限，风险承受能力有限，因此参与风险金融资产的概率偏低。对于没有拥有住房的家庭由于没有还贷的压力，拥有更多的可用资金，出于增值需求会投资风险金融市场。

（11）家庭工资收入和总资产显著正向影响对风险性金融资产的参与度。根据边际消费递减规律，收入和资产较高的家庭边际消费倾向往往较低，储蓄或财富会以较快的速度不断增加，使得家庭拥有更多的投资机会和更大的选择空间，其风险承受能力往往更强，也更倾向于选择风险较大的金融产品，从而表现出显著的财富效应。

（二）互联网金融对金融市场参与的影响

通过模型（2）、模型（4）、模型（6）、模型（8）来分析互联网金融的影响。

由表6-1可以发现，模型在加入互联网金融之后，有关其他变量的回归结果与之前模型的结果相似，这说明传统影响变量对家庭金融资产选择倾向的影响是稳健的。此外，在控制了传统影响因素的基础上，互联网金融仍影响家庭金融资产参与，主要通过以下四个途径：第一，互联网金融作为宏观经济、金融发展水平的一部分，与股票、理财产品市场的参与概率显著正相关，而对信息密集度较高、风险较大的其他金融资产市场的参与概率不显著，这些恰恰体现了互联网金融的普惠性，互联网金融影响大多是小微企业，中低等收入家庭，这部分群体的风险意识很强，排斥信息密集度较高、风险较大的金融产品投资，相反更偏好中低等风险、收益又高于银行存款的互联网金融产品。第二，互联网金融对总的风险金融资产的参与影响不显著，这说明互联网金融影响到家庭调整自身金融资产结构，使其尽量规避风险较高的其他类金融资产，增加股票、理财产品的参与，也会相应地减少对无风险资产的参与。第三，互联网金融在潜移默化地影响家庭人口因素在股票、理财产品参与的影响。第四，互联网金融弱化了是否从事工商业和是否拥有房产对股票和理财产品市场参与概率的影响。这正是互联网金融服务对象的体现——为中小微企业和负债家庭提供了更多的融资方式。互联网金融主要服务被传统金融业忽视的尾部客户，这部分客户因为规模小、缺乏抵押品而难以从传统银行获得贷款，而为中小企业服务的准金融机构，如小额贷款公司的规范化发展缓慢，在规模上不能源源不断地满足中小企业融资和小微贷款的需求。而互联网金融的发展恰好解决了这一部分市场需求，填补了中小微企业和家庭的资金缺口。

四、互联网金融影响家庭金融资产投资深度的实证分析

为了研究家庭利用互联网金融调整家庭资产配置结构上的变化，本书选取了股票资产、风险资产各自占家庭总金融资产的比重以及金融资产占家庭总资产比重三个被解释变量。在模型（1）、模型（3）、模型（5）中仅考虑控制变量对资产配置的影响，在模型（2）、模型（4）、模型（6）中进一步考虑互联网金融环境的影响，结果如表6-3所示。

表6-3 2014年家庭资产占比的 Tobit 回归结果

Variables	股票占比		风险资产占比		金融资产占比	
	（1）	（2）	（3）	（4）	（5）	（6）
interfinance	—	0.0293 ***	—	0.00793 **	—	0.0115 ***
		(0.00475)		(0.00382)		(0.000706)
hhead_ age	-0.000494	0.000534	-0.00704 ***	-0.00685 ***	-0.00224 ***	-0.00198 ***
	(0.00282)	(0.00283)	(0.00203)	(0.00203)	(0.000355)	(0.000354)
age2	-4.00e-05	-5.04e-05 *	1.79e-05	1.57e-05	2.78e-05 ***	2.48e-05 ***
	(2.80e-05)	(2.81e-05)	(1.93e-05)	(1.93e-05)	(3.26e-06)	(3.26e-06)
gender	-0.0178	-0.0166	-0.0114	-0.0113	0.00569 ***	0.00557 ***
	(0.0118)	(0.0118)	(0.00888)	(0.00888)	(0.00157)	(0.00157)
hhead_ edu_ year	0.0213 ***	0.0220 ***	0.0183 ***	0.0183 ***	0.00348 ***	0.00352 ***
	(0.00201)	(0.00202)	(0.00136)	(0.00136)	(0.000229)	(0.000228)
marriage	0.0376 **	0.0401 **	-0.00277	-0.00190	-0.00752 ***	-0.00654 ***
	(0.0179)	(0.0179)	(0.0132)	(0.0132)	(0.00226)	(0.00225)
hhead_ risk_ atit	-0.0644 ***	-0.0656 ***	-0.0557 ***	-0.0559 ***	-0.00268 ***	-0.00305 ***
	(0.00492)	(0.00492)	(0.00373)	(0.00373)	(0.000683)	(0.000681)
inv_ period	0.0602 ***	0.0597 ***	0.0322 ***	0.0320 ***	0.00646 ***	0.00612 ***
	(0.00117)	(0.00116)	(0.00110)	(0.00110)	(0.000254)	(0.000254)
fin_ knowledge	0.0781 ***	0.0821 ***	0.108 ***	0.109 ***	0.00707 ***	0.00868 ***
	(0.0133)	(0.0133)	(0.0114)	(0.0114)	(0.00227)	(0.00226)

续表

Variables	股票占比		风险资产占比		金融资产占比	
	(1)	(2)	(3)	(4)	(5)	(6)
hh_ pop_ num	−0.000638	−0.000638	−0.000997	−0.00108	−0.000178	−0.000332
	(0.00426)	(0.00427)	(0.00299)	(0.00299)	(0.000525)	(0.000523)
city	0.311 ***	0.312 ***	0.0746 ***	0.0745 ***	0.0415 ***	0.0412 ***
	(0.0320)	(0.0321)	(0.0122)	(0.0122)	(0.00195)	(0.00194)
join_ indu	−0.0473 ***	−0.0367 **	−0.0448 ***	−0.0431 ***	−0.0565 ***	−0.0548 ***
	(0.0168)	(0.0169)	(0.0122)	(0.0122)	(0.00232)	(0.00232)
self_ house	−0.115 ***	−0.0679 **	−7.01e−05	0.00997	−0.112 ***	−0.0994 ***
	(0.0258)	(0.0270)	(0.0196)	(0.0202)	(0.00351)	(0.00358)
rate_ house	−0.115 ***	−0.135 ***	−0.532 ***	−0.536 ***	−0.259 ***	−0.263 ***
	(0.0244)	(0.0247)	(0.0175)	(0.0176)	(0.00304)	(0.00304)
ln_ wage	0.00341 **	0.00344 ***	0.00528 ***	0.00526 ***	0.000358 **	0.000303 *
	(0.00133)	(0.00133)	(0.000932)	(0.000931)	(0.000163)	(0.000163)
ln_ asset	0.0984 ***	0.0829 ***	0.173 ***	0.170 ***	−0.00519 ***	−0.00857 ***
	(0.00595)	(0.00633)	(0.00416)	(0.00441)	(0.000637)	(0.000668)
Constant	−2.128 ***	−2.072 ***	−2.045 ***	−2.039 ***	0.426 ***	0.425 ***
	(0.105)	(0.104)	(0.0691)	(0.0691)	(0.0115)	(0.0114)
sigma	0.439 ***	0.438 ***	0.591 ***	0.591 ***	0.144 ***	0.143 ***
	(0.00730)	(0.00728)	(0.00507)	(0.00507)	(0.000552)	(0.000550)
Observations	36064	36064	36064	36064	36064	36064

注：括号内为标准误。 *** 表示 $p < 0.01$， ** 表示 $p < 0.05$， * 表示 $p < 0.1$。

（一）控制因素对金融市场投资深度的影响

针对模型（1）、模型（3）、模型（5）来分析控制变量对资产配置的影响。

（1）户主年龄对家庭股票投资深度没有显著的相关性，但对风险资产投资深度和金融资产投资深度有显著的负相关关系，年龄的平方与金融资产占比显著正相关，说明家庭金融资产投资占比与年龄呈指数函数关系。以此类推，随着户主年龄的增长，股票投资占家庭总资产的比例也呈现指数函数关系，风险资产占总资产的比例也呈下降趋势。这意味着，随着年龄的增长，家庭会减少股票投资等风险资产和金融资产投资，原因可能是随着年龄的增长，人们的风险承受能力降低，导致风险资产投资减少。

（2）户主性别对股票占比、风险资产占比无显著影响，对金融资产占比有正相关关系，说明男性户主会更注重金融风险资产的投资，这主要是跟男性更爱冒险、更自信的心理有关。

（3）受教育程度对家庭各资产配置比例产生显著正向影响。教育赋予家庭成员的人力资本，增加了其对金融信息和机遇正确感知的可能性，会引致家庭更多地投资风险性金融资产。

（4）婚姻状况与金融资产占比在1%的显著性水平上显著负相关，即相对于未婚家庭来说已婚家庭往往更保守，投资更谨慎，并且在金融资产中更偏爱股票资产。

（5）在家庭中，风险性金融资产的占比与户主的风险厌恶程度呈负相关关系，这同日常认识一致。

（6）金融素养与金融资产的配置呈正相关关系，原因是参考家庭金融市场参与度中的分析。

（7）家庭规模不影响家庭对金融资产的投资比例，原因是参考家庭金融市场参与度中的分析。

（8）与农村家庭相比，城镇家庭对金融资产的投资深度更高，原因是参考家庭金融市场参与度中的分析。

（9）从事工商业使家庭更容易接受股票等风险资产，并且会对冲风险的家庭往往注重各类风险资产的投资。

（10）正如家庭对金融市场参与度中的分析一样，拥有住房资产对家庭拥有其他金融资产有挤出效应。

（11）家庭工资收入对家庭参与风险金融资产的深度存在显著的正相关关系，收入多表示家庭有更多的机会在金融领域投资，投资比例显著与收入正相关。一般而言，收入和资产较高的家庭边际消费倾向往往较低，储蓄或财富会以较快的速度不断增加，而且其风险承受能力往往更强，因而更愿意选择风险较大的金融产品，从而表现出显著的财富效应。

（二）互联网金融对金融市场投资深度的影响

从表6－2可以发现，模型在加入互联网金融之后，有关其他变量的回归结果与之前模型的结果相似。这说明，这些传统变量对家庭金融资产配置比例的影响也是稳健的。此外，在控制了传统影响因素的基础上，互联网金融与家庭股票资产占比、风险资产占比和金融资产占比均存在显著正相关关系。这表明，互联网金融越发达的地区，家庭金融资产中股票资产占比、风险资产占比以及在总资产中金融资产占比越高，验证了前文的分析结果。这也说明，互联网金融的发展会带动家庭对股市的投资力度，互联网金融提供了低成本平台让人们接触更多有关金融方面的知识，降低了家庭的参与成本。互联网金融的发展提高家庭风险资产占比及金融资产占比是意料之中的结果，互联网金融为广大投资者提供了众多的普惠金融产品，在很大程度上降低了家庭的无风险资产占比，从而提高风险资产比重；加上房产市场投资趋向饱和，而金融理财市场产品不断丰富，从而使得家庭投资有"脱实向虚"的变化趋势，提高了金融资产在家庭总资产中的比重。

五、互联网金融影响家庭资产配置结构的实证分析

为了更直观地衡量互联网金融对家庭资产配置结构的影响，接下来本书从边际效应的角度，分析互联网金融及其三个具有代表性的业务——互联网支付、互联网货币基金及互联网投资理财对家庭资产配置结构的影响。基于本章的研究目的和篇幅，下面仅提供主要自变量的结果。

由表6-4可知，互联网支付、互联网货币基金和互联网投资理财同互联网金融一样，对股票和理财产品参与均有显著的正向影响，对信息密集度较高的其他金融资产无显著的相关关系，体现了互联网金融是普惠金融的特性；这三项业务的发展对风险资产的参与度也没有显著的相关性，与股票市场和理财产品市场的对比反映出互联网金融的发展使得家庭内部对资产配置结构有所调整。

表6-4 互联网金融业务对家庭资产参与的 Probit 回归结果

Variables	股票参与 stock_ 01	理财产品参与 fp_ 001	其他金融资产参与 other_ fin_ 01	风险资产参与 risk_ 01
interfinance	0.0104 *** (0.002654)	0.0834 *** (0.0063458)	0.00118 (0.0002862)	0.0111 (0.0032297)

续表

Variables	股票参与	理财产品参与	其他金融资产参与	风险资产参与
	stock_ 01	fp_ 001	other_ fin_ 01	risk_ 01
Interpay	0.183 ***	0.143 ***	0.00328	0.0202
	(0.0046554)	(0.0108642)	(0.0007936)	(0.0058552)
intefund	0.130 ***	0.110 ***	− 0.000733	0.0126
	(0.0033118)	(0.0083781)	(− 0.0001772)	(0.0036551)
interinvest	0.0576 ***	0.0499 ***	0.00537	0.00433
	(0.0014748)	(0.0038053)	(0.0012987)	(0.001253)

注：表中括号内是估计的边际效应。 *** 表示 $p < 0.01$， ** 表示 $p < 0.05$， * 表示 $p < 0.1$。

　　从边际倾向来看，虽然在之前的数据处理中将互联网金融及分业务互联网金融指标的数值除以 100，但这对互联网金融及业务发展指数的边际效应没有影响，即表中括号内的数字就是金融市场参与概率对互联网金融及分业务的边际倾向。如表 6-4 所示，互联网金融发展每增加一个单位，家庭对股票市场的参与就会提高 0.2654%，家庭对理财产品市场参与概率会增加 0.6345%，然后以此类推。虽然这些数字很小，但是产生的效果并不小。首先，中国有 4.3 亿户家庭，上述效应是针对每一户家庭而言的；其次，互联网金融仍保持平均每月 5% 的增长速度，从 2014 年 1 月的 100 点到截至最新公布的 2016 年 3 月的 430.26 点。所以这对于一个国家整体来说是一个很大的变动。

　　从单个业务的角度分析，家庭对理财产品参与的边际效应高于对股票参与的边际效应。这也验证了在影响路径当中的分析，理财产品，特别是互联网货币基金具有操作便利、时时存取、低门槛、低风险和高收益等优势，在家庭资产选择当中会获得更多的青睐。

　　对三个业务进行比较可以看出，互联网支付对家庭参与股票市场和理财产品市场的影响最大，其原因就是互联网支付现在已经是家庭日常消费和投资理财的基础工具，便利了家庭的资金流通。另外，移动支付和支付场景不断深入，"互联网支付 + 产业"的模式正在全面普及中。随着大数据和云计算的运营，互联网推动医疗、教育、农业、旅游、传媒和交通运输等所处行业向 O2O 创新，全方位地影响和改变着人们的消费习惯、支付方式，也进一步扩大了互联网支付。

表6-5　互联网金融业务对家庭资产投资深度的 Tobit 回归结果

Variables	股票占比	风险资产占比	金融资产占比
	stock_ 02	risk_ 02	fin_ asset_ 02
interfinance	0.0293 ***	0.00793 ***	0.0115 ***
	(0.029329)	(0.0079301)	(0.0114533)
interpay	0.0520 ***	0.0133 **	0.00195 ***
	(0.0519523)	(0.0132827)	(0.0194879)
intefund	0.0358 ***	0.00981 *	0.0157 ***
	(0.0358375)	(0.098065)	(0.0157485)
interinvest	0.0157 ***	0.00392	0.00727 ***
	(0.0157455)	(0.0039235)	(0.0072661)

注：表中括号内是估计的边际效应。*** 表示 $p < 0.01$，** 表示 $p < 0.05$，* 表示 $p < 0.1$。

从表6-5中来看，首先，除了互联网投资对风险资产占比不显著性之外，互联网支付、互联网货币基金和互联网投资理财同互联网金融一样对家庭投资金融市场的深度有显著正向影响。其次，互联网金融的发展每提升一个单位，家庭对金融资产的投资比例会提高 1.14%，使得股市占金融资产的比重上升近 3 个百分点，说明互联网金融的发展除了可以使家庭资产同比例地投资于股市，还会使家庭转移其他金融资产投资于股市，互联网金融的发展会使得家庭更倾向于投资股市。进一步对比互联网金融的三个业务，从对金融资产投资深度和股票占家庭金融资产的比例可以看出，互联网对股票占比的影响程度大约是对金融资产占比影响的 2 倍，说明互联网金融业务对家庭投资比例不仅有促进作用，而且还使得股票以 2 倍的速度增长。从侧面推断，互联网金融对其他风险资产呈负相关关系，规避高风险资产、转移低风险资产，不仅体现了互联网金融的普惠性，也验证前文中"互联网金融的发展使得家庭内部对资产配置结构有所调整"的推论。

在互联网支付、互联网货币基金以及互联网投资理财中，互联网支付对家庭股市投资比例、风险资产投资比例和金融资产的投资比例的影响仍是最大的，互联网支付对家庭金融资产比例的边际效应达到 2%，对家庭投资股市深度的边际效应更是高达 5.19%。对比三个业务分别对金融资产投资深度和股票占家庭金融资产的比例的影响程度，从侧面可以看出，三个业务的发展程度上，互联网支付起步最早，是互联网金融中发展最为成熟的领域，其次是互联网货币基金，最后是互联网投资理财。

六、稳健性检验

为检验上述模型互联网金融、互联网支付、互联网货币基金及互联网投资理财的显著性，笔者将家庭资产按大小依次排序，将排名前10%和后10%的家庭删除，然后再进行实证，结果如表6-6所示，为避免实证结果占本书篇幅太大，下面仅提供主变量的稳健性检验结果。结果表明它们对股票市场参与概率、理财产品参与概率存在显著正相关，对其他金融资产参与和风险资产参与不显著，与表6-6所做的模型结果一致。在资产结构深度方面，除互联网投资理财对风险资产占比不显著之外，其他对股票占比、风险资产占比和金融资产占比显著正相关，与表6-7所做模型结果一致。说明上述实证结果稳健。

表6-6 2015年家庭资产参与的 Probit 回归结果

Variables	股票参与 stock_ 01	理财产品参与 fp_ 001	其他金融资产参与 other_ fin_ 01	风险资产参与 risk_ 01
interfinance	0.0969 *** (0.0144)	0.0844 *** (0.0112)	0.00103 (0.00874)	0.0122 (0.00888)
interpay	0.170 *** (0.0248)	0.145 *** (0.0192)	0.00392 (0.0148)	0.0221 (0.0151)
intefund	0.123 *** (0.0195)	0.113 *** (0.0152)	-0.00142 (0.0120)	0.0148 (-0.0122)
interinvest	0.0553 *** (0.00928)	0.0525 *** (0.00724)	0.00482 (0.0126)	0.00550 (0.00590)
observations	27659	28882	28882	28882

注：括号内为标准误。 *** 表示 p<0.01， ** 表示 p<0.05， * 表示 p<0.1。

表 6 - 7   2015 年家庭资产占比的 Tobit 回归结果

Variables	股票占比 stock_ 02	风险资产占比 risk_ 02	金融资产占比 fin_ asset_ 02
interfinance	0. 0476 ***	0. 00919 *	0. 0138 ***
	(0. 00640)	(0. 00484)	(0. 000740)
interpay	0. 0827 ***	0. 0153 *	0. 0231 ***
	(0. 0111)	(0. 00823)	(0. 00125)
intefund	0. 0617 ***	0. 0121 *	0. 0197 ***
	(0. 00865)	(0. 00665)	(0. 00102)
interinvest	0. 0284 ***	0. 00515	(0. 00926 ***)
	(0. 00410)	(0. 00320)	(0. 000493)
observations	28882	28882	28882

注：括号内为标准误。 *** 表示 p < 0. 01， ** 表示 p < 0. 05， * 表示 p < 0. 1。

第七章　金融约束政策影响家庭资产配置的理论分析

20世纪70年代初，以爱德华·肖（E. S. Shaw，1973）和罗纳德·麦金农（R. I. McKinnon，1973）为代表的经济学家在对发展中国家进行研究的过程中提出了"金融抑制与金融深化"理论。

所谓"金融抑制"（Financial Constraint）是指，一国的金融体系不健全，过多的金融管制措施代替金融市场机制，人为控制金融资产价格，最典型的就是对利率和汇率的控制。金融抑制的表现形式主要有：名义利率限制，发展中国家一般都对贷款和存款的名义利率进行控制，这一措施使间接融资表层化；高准备金要求，在一些发展中国家，商业银行将存款的很大一部分作为不生息的准备金放在中央银行，贷款组合中也有很大一部分由中央银行指定使用；政府通过干预限制外源融资，即在金融抑制下，政府对于外源融资进行控制，由政府决定了外源融资的对象；特别的信贷机构，发展中国家还通过一些特别的信贷机构进行金融抑制。

肖和麦金农认为实际利率过低，资产升值为负数造成了一国金融体系的扭曲和资源利用效率的下降，因此，发展中国家陷入"贫困陷阱"。要想实现发展中国家经济的迅速增长，就必须放松利率、汇率的限制，鼓励储蓄，增加投资，实现金融自由化政策，这就是所谓的"金融深化"（Financial Deepening）。20世纪90年代，在肖和麦金农金融抑制理论和金融深化理论的基础上，赫尔曼、穆尔多克和斯蒂格利茨（1997）等经济学家认为金融深化理论所竭力倡导的金融自由化需要很严格的条件，而在发展中国家这些条件是不具备的，从而发展中国家不具备金融自由化和金融深化的先决条件，因此必须另辟蹊径。"金融约束"正是一种可行的选择。金融约束理论为发展中国家在金融自由化过程中实施政府干预提供了理论依据和政策框架，是发展中国家从金融抑制走向金融深化的一个过渡性政策。

金融约束理论主要通过对存、贷款利率加以控制，对资本市场的竞争加以限制，从而为金融部门和生产部门创造租金机会，也为这些部门提供必要的激励。传统金融约束的手段有：政府控制存贷款利率，使得实际利率为正；限制竞争，包括市场准入限制、限制资本市场竞争、限制居民将正式金融部门中的存款转化为其他资产、定向信贷配给等。本书认为，在中国的政策实践中，金融约束政策的外延又出现了一些扩展，主要体现在股票市场上对股票供给量的限制，借此拉高股价，为上市公司创造租金的相关制度设计。这些政策可以归纳为价格型政策和数量型政策两大类。

不论是哪一种类型的金融约束政策，其本质特征都是为银行和上市公司创造租金机会，对资产配置的影响途径是：金融约束政策由于损害了存款人和投资者的利益，加上通货膨胀的影响使实际利率变成负数，存款人纷纷调整资产组合，用房地产和其他实物资产来替代存款和股票，造成中国的住房自有率畸高、股票资产占比较低等现象。下面将分别从价格型政策和数量型政策两个方面分析金融约束政策对家庭资产配置行为的影响机理。

一、价格型金融约束政策影响家庭资产配置的一般分析

价格型政策主要指控制存贷款利率使之维持在一个较低的水平，如果考虑通货膨胀的影响，中国的实际利率在很长一段时间内一直处于负值。

（一）低利率对家庭房地产投资偏好的影响

家庭对房地产的投资除了满足自住的需求以外，还有投资的需求，当人们预期房价有上涨趋势时就会选择投资房地产。房价预期上涨可能主要源于两个方面的原因：一是收入增长和城市化导致的住房租金上涨，二是实际利率太低。理论上房价等于未来租金流的贴现值。给定未来租金流，实际利率通过影响贴现率而影响房价。贴现率随着实际利率的下降而下降，使得房价随着实际利率的下降而

上升。同时，房价对实际利率的变化非常敏感。这样，低利率就成为房价上涨预期的又一个重要原因。如果是低利率推高了房价，而低利率本身又是金融约束影响下扭曲了的价格信号，那么高房价也就是扭曲的价格信号。

对家庭来说，满足居住需求有两种基本方式：租房或者买房。买房相当于一次性支付未来许多年的租金，因此房价应该等于未来租金流的现值。假定贴现率和租金增长率为常数，则得到 Gorden 公式：

$$P_H = \frac{D}{r - g} \tag{7-1}$$

其中，P_H 为房屋价格，D 为当前租金，r 为贴现因子，g 为租金增长率。式（7-1）中将贴现率和租金增长率的取值设为其长期均值，于是给定当前租金，房价由长期平均贴现率和租金增长率决定。贴现率等于无风险利率加上风险溢价，即：

$$r = r_f + premium \tag{7-2}$$

其中，r_f 是无风险利率，衡量资金的机会成本；premium $= 6\%$ 是购房投资的风险溢价，由购房投资的风险大小决定，如果人们对房地产价格上升有稳定的预期，则风险溢价变小，反之，则风险溢价变大。租金增长率分为两个部分：实际租金增长率和通货膨胀率，前者由实际的居住需求和住房供给共同决定，后者会引起租金增长率的额外增加，即 $g = g_r + \pi$。其中，g_r 为实际租金增长率，π 为通货膨胀率。把贴现率和租金增长率的表达式代入（7-1）可得：

$$P_H = \frac{D}{r_f + premium - g_r - \pi} \tag{7-3}$$

设 $r_{real} = r_f - \pi$，$r_{real} = 2\%$ 为实际利率。可得：

$$\frac{P_H}{D} = \frac{1}{r_f + premium - g_r - \pi} \tag{7-4}$$

其中，$\frac{P_H}{D}$ 称为房价租金比。式（7-4）属于指数函数 $y = a^x$（$0 < a < 1$，$x = -1$），在纵轴的左侧该指数函数随着底数 a 的减小而增大，也就是说，式7-3的值随着 a 的减小而增大，当等式右边的分母数值很小时，分母中任何一个变量的微小变动都可以导致房价租金比的大幅度变化。在现实中，当 $r_{real} = 2\%$，premium $= 6\%$，$g_r = 5\%$ 时，$r_f + premium - g_r = 3\%$，$\frac{P_H}{D} = 33$，房价租金比为33倍，在中国的房地产市场是很正常的一个水平，此时，如果 $r_{real} = 1\%$，房价租金

比将达到 50 倍。

可见，房价租金比对实际利率非常敏感，如果实际利率是充分市场化的利率，则该值可以保持稳定，并处于一个较为合理的运行区间，防止房价租金比的上涨及过度波动。但是中国现阶段的实际情况是：名义上利率水平偏低且变化幅度小，通货膨胀率的上涨速度较快且波动幅度大，所以实际利率基本上由通货膨胀率反向决定，一直处于一个较低的水平，且经常为负值。风险溢价是衡量投资者预期的指标，当预期房价稳定上升时，风险溢价下降，因此，通货膨胀率的大幅波动导致实际利率的大幅波动，进一步引起风险溢价的同向变动，最终房价大幅波动。在当前的形势下，家庭对通货膨胀的预期在相当长的一段时间内都会维持在一个较高的水平，因此低实际利率甚至负实际利率将会保持相当长的一段时间，形成房价上涨的稳定预期。在这一预期之下，购房投资风险较小，因此风险溢价较小，进一步导致房价上涨，那么投资房地产的预期收益率较高，房地产投资成为家庭资产组合的首选也就不足为奇了。

在住房投资中如果再考虑进杠杆率的因素，即住房的首付比例，那么高通胀和低（负）利率将带给人们一个低成本、风险小、回报高的投资优良品种——房地产。

（二）低利率对家庭股票投资偏好的影响

1. 低利率导致发行定价偏高，家庭投资成本上升

创业利润的源泉是创业者的产业资本收益率与货币资本收益率的差别，在前者高于后者的条件下，企业价值会大于企业的净资产（其含义是企业资本的实际价值大于企业的名义资本值），二者的差额就是创业利润。只有股份公司创始人（创业者、种子股东）才可能获得创业利润。广义地说，一切较早进入股份公司的股东，当后来有新股东进入（如增发新股）时，只要新增股份每股出资高于原有股份的每股净资产，都可获创业利润。股份公司创立之后，若再向社会公募股份而成为上市公司，那么股份公司的所有发起人都会从社会公众股东那里获得创业利润。它的表现形式是，社会公众股的发行价高于发起人股份的每股净资产值。

创业利润＝企业价值－企业净资产

企业价值或企业的资本实值＝企业的年盈利额÷货币资本基准收益率(R_0)

= (企业净资产 × 净资产收益率(R_1)) ÷ 货币资本基准收益率(R_0)

= 企业净资产 × (净资产收益率(R_1) ÷ 货币资本基准收益率(R_0))

不论是股票首发还是增发，发行价都应该等于原有股东每股所包含的企业价值或资本实值，或者说，应该等于原有股份每股净资产与 R_1/R_0 的乘积。发行价的定价方式，一般有市场竞价法和市盈率定价法。市场竞价法和市盈率定价法的理论前提都是"证券市场理性投资市盈率倍数"，理性市盈率倍数等于"投入企业的货币资本基准收益率"的倒数。如果用无风险的银行存款利率代替投入企业的货币资本基准收益率，则偏低的银行存款利率导致用市场竞价法决定的首发价格严重偏高于上述公平发行价，其结果是发起人从公众股东身上获得过多的创业利润。在经济繁荣、通货膨胀时期，产业资本收益率高，货币资本收益率也应较高，从而发行市盈率应该较低。而在通货紧缩时期，产业资本收益率低，货币资本收益率也应较低，从而发行市盈率应该较高。至于货币资本基准收益率的量值，应该取社会平均资本利润率，或者可以用企业债券的平均收益率来度量。

20 世纪 90 年代初，股票发行的数量、发行价格和市盈率完全由证监会确定，采用相对固定的市盈率，当时的市盈率一般在 13 ~ 15 倍，并以 15 倍发行市盈率为上限，如 1998 年发行 A 股的 110 家公司，发行市盈率平均值为 14.27 倍。这一阶段证监会的市盈率倍率法行政化定价实际上压制了发行价格，上市公司的市盈率接近于国际合理的市盈率水平，不存在发行溢价过高的问题，上市公司没有利用金融约束进行低成本的融资。

1999 年 7 月《证券法》提出定价市场化改革后，高溢价发行和配股陆续发生，从那时起定价参考二级市场市盈率。上海在 2000 年和 2001 年的发行平均市盈率分别为 29.9 倍和 31 倍，深圳 2000 年为 31.72 倍。市盈率的高速增长使得股票的发行价迅速向金融约束市场所形成的高发行价靠拢。

2001 年以来，累计投标定价方式在中国一级市场实行，发行公司与承销商决定最初的发行价区间，然后承销商测定机构投资者对股票的需求再修正最终的发行价，该价格最终报证监会核准，发行价格的波动幅度在 10% 以内，发行市盈率不超过 20 倍。该方式又被称为"半市场化的上网定价发行方式"，IPO 的市盈率基本保持在 18 倍左右。

2004 年 8 月 30 日，中国证监会停止新股发行，发布《关于首次公开发行股票试行询价制度若干问题的通知（征求意见稿）》。2004 年 12 月 11 日，证监会发布《关于首次公开发行股票试行询价制度若干问题的通知》及配套文件《股票发行审核标准备忘录第 18 号——对首次公开发行股票询价对象条件和行为的监管要求》。这两个文件于 2005 年 1 月 1 日起实施。政府不再对价格进行管制，询价对象为证券投资基金管理公司、证券公司、信托投资公司、财务公司、保险机构投资者和合格境外机构投资者（QFII）六类机构。

2009 年，IPO 重启后共有 60 只新股先后公布发行价，主板 5 只，其中光大证券的市盈率为 58.56，排名第一，中国建筑和中国国旅的市盈率也在 50 倍左右。中小板 27 只，奥飞动漫的市盈率为 58.26，排名第一。创业板 28 只，鼎汉技术以 82.22 的市盈率排名第一。2019 年，第一批 25 家科创板公司正式上市交易，发行市盈率平均值为 49.21 倍，中微公司发行市盈率最高，达到 170.75 倍，同行业上市企业 PE（披露值）平均值为 32.87 倍，这也让市场在猜测其上市后的股价表现。

金融约束下的低利率和审批制共同导致了中国股票市场的高溢价发行。高溢价并不代表股票的高成长，当公司的实际成长不如预期时，将出现个股的市场表现逊于大盘。而股票的普遍高溢价发行导致股价的普遍性下跌，投资者的投资积极性被大大挫伤。

2. 低利率降低了配股的门槛，市场无法为家庭筛选优质企业

在中国，对上市公司配股有比较严格的规定，中国证监会在 1993 年 12 月 17 日发布的《关于上市公司送配股的暂行规定》中，要求上市公司配股必须"连续两年盈利"。以后对配股的要求作了修订，但都以净资产收益率达到一定的数值为标准。1994 年 12 月 20 日发布的修订规定要求上市公司税后利润率年平均在 10% 以上。1996 年 1 月 25 日发布的规定要求净资产收益率每年达到 10% 以上。1998 年 3 月 26 日的新规定要求净资产收益率 3 年平均在 10% 以上，同时每年不低于 6%。

净资产收益率是一定时期内企业的收益与其相应净资产的比，我们用 ROE 表示，ROE = Y/E，其中 Y 表示收益，E 表示净资产。总资产收益率是另一个衡量企业收益能力的指标，用 ROA 表示，ROA = Y/A，其中 A 为企业的总资产。如果用 D 表示企业的负债，那么 A = D + E。于是我们可以建立起总资产收益率与净资产收益率之间的关系：

$$ROE = Y/E = (Y/A)(A/E) = ROA \times L \tag{7-5}$$

其中，L = A/E 表示财务杠杆。当企业没有负债，即企业的资产全部由权益组成时，L 取其最小值 1；而当企业运用了非权益的外部资金，即有一定的负债

时，L 大于 1。

根据 ROA 的定义，它是支付利息和税金后所得收益与总资产之比：

$$ROA = (1-T)(EBIT - I)/A \qquad (7-6)$$

其中，T 为企业的平均税率，I 为支付的全部利息，设 i 为企业资产的平均利率，则 I = iD，EBIT 为企业的息前税前收益。这样式（7-6）可以写成：

$$
\begin{aligned}
ROA &= (1-T)(EBIT - iD)/A \\
&= (1-T)[EBIT - i(A-E)]/A \\
&= (1-T)[EBIT/A - i + iE/A]
\end{aligned}
$$

EBIT/A 为企业息前税前收益与总资产之比，它表示全部资产创造收益的能力，用 EP 表示，于是有：

$$ROA = (1-T)[EP - i + iE/A] \qquad (7-7)$$

代入式（7-5），有：

$$
\begin{aligned}
ROE &= ROA \times L \\
&= (1-T)[EP - i + iE/A](A/E) \\
&= (1-T)[i + L(EP - i)] \qquad (7-8)
\end{aligned}
$$

从式（7-8）可以看出，当 L>1 时，利率越低，ROE 越容易满足配股所要求的 10% 的净资产收益率。也就是说，利率越低，能进行配股的上市公司的平均质量越低。

我们假定 EP < i，这时必然有 ROE < i。在这种情况下若要求 ROE 大于或等于 10%，则企业负债的平均利率应该在 10% 以上，但这与中国近年来借贷市场上利率远低于 10% 的实际情况相去甚远。导致这一情形的原因就在于假设前提的不成立，也就是说，满足配股要求的上市公司应该有 EP > i 的情况而不是相反。但是由前面的分析我们可以看出，当 EP > i，加大杠杆 L 可以提高企业的净资产收益率。从这一分析过程可以得到两个重要的结论：①能够满足配股要求的上市公司，其收益能力一定大于其负债的平均利率，因为金融约束下的低利率降低了企业配股的门槛。②满足配股要求的上市公司，加大其资本结构中的负债比重有利于净资产收益率的增长（当其他条件不变时）；相反，如果实施配股却不能同比增加其负债，那么当其他条件不变时，配股会降低公司的净资产收益率。这就意味着收益能力越强的上市公司，越是通过债务的方式融资。通过股市融资的上市公司往往是那些业绩相对较差的企业（晏艳阳等，2001；刘郁葱，2011）。

股票市场上充斥着业绩较差的企业，这些企业成长性不佳，投资者能够获得的收益有限，当公司业绩大变脸的时候，投资者也会一起遭受损失。总之，股票市场原本是质优公司融资的场所，现在逐渐退化成为绩差公司圈钱的市场，因此，投资者逐渐对股票投资失去了信心，在家庭资产配置中就渐渐排除了股票。

3. 低利率不利于上市公司业绩的改善，不利于家庭进行长期投资

利率管制使得债权人不能运用利率机制有效地控制资金借入者的借入数量，这样很容易导致过度负债，这恐怕是许多上市公司一步步滑入 ST，再由 ST 进入 PT 的一个重要原因（晏艳阳和陈共荣，2001）。

金融约束政策影响下的利率水平远低于均衡利率，造成了许多股票市场中的畸形缺陷：发行定价偏高、配股门槛低、国有股减持的折股比例低和上市公司业绩无法改善。这些缺陷都影响了股票的收益，在一个投资利益不受保护的市场上，投资者必然没有投资的信心，从而渐渐远离了股票市场。

（三）低利率对家庭理财产品投资偏好的影响

在金融约束政策下，中国长期处于低利率的环境，储蓄存款利率不仅远远低于民间借贷利率，而且考虑到高通货膨胀率的影响，金融市场中的实际利率将进一步下降甚至为负，在实际利率为负的情况下，存钱就等于赔钱。人们的财富面临缩水的威胁，逼迫人们把储蓄转化为其他能够保值增值的资产。换句话说，实际利率为负的效果是逼迫人们投资。此时银行存款的吸引力自然就下降了，而购买理财产品等正在成为一些家庭寻求资金短期保值与收益增加的新途径。

存款长期负利率促使居民储蓄存款从银行转移到其他投资渠道。许多商业银行都面临存款缩水的压力，只好通过大量发行短期理财产品的方式进行高息揽存，在产品起息日前后的发售期或清算期区间，理财产品资金以银行活期存款形式存在。因此，近年来在家庭资产配置中，理财产品占据的份额越来越大。

二、数量型金融约束政策影响家庭 资产配置的一般分析

数量型政策主要指股改前的股权分置制度和股改后的大小限制度，这种政策人为抑制了股票的供给，提高了股价，为上市公司创造巨额租金。众所周知，在

股市发展初期，受意识形态的约束，为了维护国有经济的主导地位，规定国有股和法人股暂时不能流通，这就是股权分置制度。在这一制度安排下，2/3 的股份不能流通，客观上导致流通股本规模小，股市的定价机制被扭曲，部分股票流通下的股价自然也远高于全流通条件下的均衡价格。二者之间的差额即为租金，其中绝大部分通过股票的高溢价发行转移给了上市公司，使上市公司迅速完成了原始资本的积累壮大。及至股改，由于无视非流通股与流通股历史持股成本的巨大差异，对流通股股东的对价补偿远未到位。随着大小非解禁股的上市，股市经历了一次前所未有的大扩容，股市供需关系被彻底逆转，大小非解禁股的疯狂变现把原来的租金机会变现，流通股股东遭受了一场空前的大浩劫。股改后的"新老划断"并不意味着数量型金融约束政策的退出，相反，这一政策还有强化之势。因为股改中的大小非至少还支付了对价补偿才获得上市流通权，而"新老划断"后的大小限，则无须支付任何对价就可以上市流通，且其数量源源不断，没有上限。

中国股票市场建立至今，其主要功能就是支持国有企业，股市的基本功能定位于"为国企筹资"。这种功能错位造成的直接后果是，一大批效益不好、业绩差的国有企业在政府的直接介入和干预下被包装上市，而这些原本不合格的上市公司由于无法产生盈利或盈利偏低，其股票大多不具备长期投资价值，投资者只能在追涨杀跌中进行短期化操作。最终的结果是投资者对资本市场失去信心，促使其远离这一市场，转而投向其他领域。资本市场的基本功能除了筹资以外，还包括资源配置和价值发现，但如果只是片面强调筹资功能，会使股市变为"圈钱"的场所，最终家庭在资产配置时将完全排斥股票这一工具。

国有上市公司有 70% 的股权是不能流通和转让的。从上市公司的股权结构中我们可以看出，中国转型时期的金融约束问题不仅表现在利率和银行经营格局方面，还表现为资本市场发展中的金融约束现象，即政府设置"进入门槛"，限制非国有企业进入资本市场融资，从而保证国有企业获得大量廉价资源。对于银行的储户而言，国有银行不良资产只是一种或然的金融风险，而国有企业通过上市的方式进行低成本融资，就使得国有企业的经营风险直接在资本市场中表现出来，并转嫁给投资者。从 2001 年 7 月开始，以高价减持国有股为诱因，中国股市大幅下挫，沪、深两市的股票流通市值缩水幅度最高时达到 30%。尽管决策层对中国股市的下挫有"推倒重来"和"挤泡沫"的诠释，但市值缩水后损失的最终承担者还将是广大投资者。

综上，金融约束政策影响了中国家庭资产的配置结构，本章分别从价格型政策和数量型政策这两个方面切入，分析低利率对房地产市场的影响以及低利率对股票市场和理财市场的影响，得出：低利率政策会推高房价；低利率政策使得股票发行定价偏高，配股门槛降低，同时不利于上市公司业绩的改善；在理财市场中，低利率政策导致理财产品的"井喷"。数量型政策主要指股改前的股权分置制度和股改后的大小限制度，它们扭曲了股票市场的正常利益机制和价值判断。从价格型政策和数量型政策对家庭资产配置的影响中可以发现，由于"买涨不买跌"市场心理导致房地产资产价格的不断攀升，股票市场以牺牲投资者利益来为上市公司输血的倾斜政策，都使家庭趋向于增加房地产在资产组合中的比重，降低股票的比重。因此，中国家庭资产配置的格局自然而然转变为房产占比高，风险资产占比过低，理财产品异军突起。

　　金融约束政策是发展中国家从金融抑制走向金融深化的一个过渡性政策，它是一个租金创造的过程，为上市企业提供租金。而租金的来源就是家庭，家庭的储蓄存款放在银行，由于低利率政策导致利息损失；家庭的资产放在股票市场，由于金融约束政策导致财富缩水。金融约束政策对家庭资产配置必然会有影响，本章对第五章中的家庭储蓄与投资模型进行了拓展，增加了金融约束政策的影响，力求通过模型来分析金融约束政策对家庭资产配置的影响。

三、金融约束影响家庭资产配置的理论模型

（一）模型的构建

1. 前提与假设

　　行为人是风险厌恶者，且具有理性预期。金融市场中存在无风险资产与风险资产，行为人购买这两种资产不存在障碍。交易成本为零。行为人随时能够买到所需要的实物商品，商品市场不存在配给的方式。不考虑银行信贷对家庭资产配置的影响。

2. 家庭效用的目标函数

　　常绝对效用函数（CARA）假定风险规避与财富无关，与现实情况不符，相比之下，常相对效用函数（CRRA）更接近于现实，其风险规避系数随着财富的

增加而减少，而相对风险规避系数不变。但是 CRRA 无法求出消费的精确解析解，只能求出近似的解析解。本章对第五章的效用函数进行了改进，采用 CRRA 型效用函数，并引入金融约束政策对家庭消费与投资模型进行拓展，进而分析金融约束政策对家庭消费和投资行为的影响。个体跨期效用函数为：

$$U = MaxE_t\Big[\sum_{t=0}^{T-1}(1+\delta)^{-t}\frac{C_t^{1-\gamma}}{1-\gamma}\Big] \tag{7-9}$$

其中，δ 为折算因子，表示行为人的时间偏好率。γ 为相对风险厌恶系数（$\gamma>0$）。

3. 金融约束政策的假定

家庭每期都可能面临两种状态，有金融约束的状态和无金融约束的状态（有金融约束的概率为 p^e，无金融约束的概率为 p^u，$p^u+p^e=1$）。在无金融约束的状态下，家庭的财富不会受到租金的侵蚀，在有金融约束的状态下，家庭财富中部分被租金占用，假设 t 期的租金为 $Rent_t$。

在前面的分析中，金融约束政策可以分为价格型政策和数量型政策。价格型政策体现在，控制存贷款利率使之维持在一个较低的水平，那么市场上的无风险利率和储蓄利率在金融约束政策的影响下处于偏低的位置。利率的低水平使得股票市场的定价机制扭曲，从而失去投资价值。数量型政策体现在股权分置制度和股改中的对价补偿过低，造成流动股股东的损失。总之，价格型政策和数量型政策都造成了股票的收益率下降，股票是风险资产中很重要的一个品种，可以得出结论：风险资产收益率也会受到金融约束政策的影响。风险资产的收益率与无风险资产收益率之间的差值被称为超额收益率，超额收益率的均值为 μ，方差为 σ_a^2。风险资产超额收益率与金融约束政策的冲击之间的相关系数为 $cov(rent_{t+1},r_{a,t+1})=\sigma_{rent,a}$。本书将金融约束政策的冲击理解为家庭财富中被攫取的租金风险，因此，金融约束政策的冲击意味着家庭财富中可能被攫取的租金增加，金融约束政策的放松意味着家庭可能被攫取的租金减少。

4. 分期预算约束

分期预算约束函数采用：

$$A_{t+1}=(A_t-C_t)\{(1+r_{at})\alpha+(1+r_{ft})(1-\alpha)\} \tag{7-10}$$

其中，A_t 和 A_{t+1} 表示家庭期初和期末的财富，C_t 表示消费。由于本章的研究目标是考察金融约束政策对家庭最优投资组合的影响，没有考虑家庭收入的作用，因此在预算约束中省略家庭收入的因素，家庭可支配资产表示为（A_t-C_t）。

本章的模型将家庭的所有资产只分为无风险资产和风险资产两种，无风险资产包括了第五章中的储蓄存款和国债等，风险资产包括股票等。r_{ft} 和 r_{at} 分别表示无风险资产和风险资产的收益率。其中 α 和 $(1-\alpha)$ 是投资风险资产和无风险资产的比重。

当金融市场中不存在金融约束政策时，r_{ft}^u 和 r_{at}^u 分别表示无金融约束时无风险资产和风险资产的收益率，C_t^u 表示无金融约束时家庭的消费，α^u 表示无金融约束时家庭投资风险资产的比重。

当金融市场中存在金融约束政策时，r_{ft}^e 和 r_{at}^e 分别表示有金融约束时无风险资产和风险资产的收益率，C_t^e 表示有金融约束时家庭的消费，α^e 表示无金融约束时家庭投资风险资产的比重。

（二）模型的求解

1. 无金融约束政策存在的家庭最优投资组合模型求解

为了处理方便，假设消费－财富比率为常数，得到无金融约束下最优消费水平的近似方程：

$$C_t^u = b_0^u + b_1^u A_t \tag{7-11}$$

其中，b_0^u 和 b_1^u 为待定系数。

那么，$\mathrm{Max}\ E_t \left[\sum_{t=0}^{T-1} (1+\delta)^{-t} \frac{C_t^{u(1-\gamma)}}{1-\gamma} \right]$

s. t. $\quad A_{t+1} = (A_t - C_t^u)\{1 + r_{at}^u)\alpha + (1 + r_{ft}^u)(1 - \alpha)\}$ $\tag{7-12}$

$$1 + R_{p,t+1}^u = (1 + r_{at}^u)\alpha + (1 + r_{ft}^u)(1 - \alpha) \tag{7-13}$$

其中，$R_{p,t+1}^u$ 表示无金融约束状态下资产组合的收益率。

采用动态规划的方法求解，构建贝尔曼方程：

$$V_t(A_t) = \underset{(c_t, w_t)}{\mathrm{Max}} \{ U(C_t^u) + (1+\delta)^{-1} E[V_{t+1}(A_{t+1})/t] \} \tag{7-14}$$

根据贝尔曼方程对 C_t^u 求一阶导：

$$U'(C_t^u) = E(1+\delta)^{-1}\{[(1+r_{at}^u)\alpha + (1+r_{ft}^u)(1-\alpha)]V_{t+1}'(A_{t+1})/t\} \tag{7-15}$$

在 $V_t'(A_t)$ 和 $V'(C_t^u)$ 的值之间沿着最优路径存在着简单的包络关系，根据包络定理可得：

$$V_t'(A_t) = E(1+\delta)^{-1}\{[(1+r_{at}^u)\alpha + (1+r_{ft}^u)(1-\alpha)]V_{t+1}'(A_{t+1})/t\} = U'(C_t^u) \tag{7-16}$$

这里说明，沿着最优路径的财富的边际值必须等于消费的边际值，可以得到欧拉方程：

$$U'(C_t^u) = E(1+\delta)^{-1}\{[(1+r_{at}^u)\alpha + (1+r_{ft}^u)(1-\alpha)]U'(C_{t+1}^u)/t\} \quad (7-17)$$

又因为 $U'(C_t^u) = (C_t^u)^{-\gamma}$，则欧拉方程可以写为：

$$(1+\delta)^{-1}E_t\left[(1+R_{p,t+1}^u)\left(\frac{C_{t+1}^u}{C_t^u}\right)^{-\gamma}\right] = 1 \quad (7-18)$$

将式（7-18）对数线性化，并在 $E(c_t^u - a_t)$ 处进行一阶泰勒展开，得到：

$$a_{t+1}^u - a_t = k^u - \rho_c^u(c_t^u - a_t) + r_{p,t+1}^u \quad (7-19)$$

其中，$\rho_c^u = \dfrac{\exp[E(c^u - a_t)]}{1-\exp[E(c^u - a_t)]}$，$k^u = -(1+\rho_c^u)\log(1+\rho_c^u) + \rho_c^u\log\rho_c^u$

将欧拉方程式（7-18）进行对数线性化，可以得到：

$$\log(1+\delta)^{-1} - \gamma E_t(Vc_{t+1}^u) + E_t(r_{p,t+1}^e) + \frac{1}{2}var_t(r_{p,t+1}^e - \gamma Vc_{t+1}^u) = 0 \quad (7-20)$$

在式（7-20）中分别令 p=a 和 f，可以得到：

$$\log(1+\delta)^{-1} - \gamma E_t(Vc_{t+1}^u) + E_t(r_{a,t+1}^e) + \frac{1}{2}var_t(r_{a,t+1}^e - \gamma Vc_{t+1}^u) = 0 \quad (7-21)$$

$$\log(1+\delta)^{-1} - \gamma E_t(Vc_{t+1}^u) + E_t(r_{f,t+1}^e) + \frac{1}{2}var_t(r_{f,t+1}^e - \gamma Vc_{t+1}^u) = 0 \quad (7-22)$$

两式相减可得：

$$E_t(r_{a,t+1}^e) - E_t(r_{f,t+1}^e) + \frac{1}{2}var_t(r_{a,t+1}^e - \gamma Vc_{t+1}^u - r_{f,t+1}^e + \gamma Vc_{t+1}^u)$$

$$= \mu + \frac{1}{2}\sigma_a^2 = \gamma b_1^u \alpha_1^u \sigma_a^2 \quad (7-23)$$

其中，μ 衡量的是风险资产的收益率与无风险资产收益率之间的差值，差值的方差为 σ_a^2。

联立式（7-11）、式（7-19）和式（7-20）得到：

$$b_1^u = 1 \quad (7-24)$$

$$b_0^u = -\left(\frac{1}{b_1^u\rho_c^u}\right)\times\left[\left(\frac{1}{\gamma}-b_1^u\right)E_t(r_{p,t+1}^u)\right] + \frac{1}{\gamma}\log\delta + \frac{1}{2\gamma}(1-b_1^u\gamma)^2 var_t(r_{p,t+1}^u) - b_1^u k^u$$

$$(7-25)$$

于是，在无金融约束政策下家庭最优的投资组合规则，即风险资产的投资比率为：

$$\alpha_t^{u^*} = \alpha^{u^*} = \frac{\mu + \frac{1}{2}\sigma_a^2}{\gamma\sigma_a^2} \tag{7-26}$$

式（7-26）中，α^{u^*} 表示均衡的风险资产投资比率，它不会随着时间的变化而变化。

2. 有金融约束政策存在的家庭最优投资组合模型求解

假设家庭的消费服从 Carroll 的"缓冲库存模型"，即家庭具有一个目标的财富-收入比率，当财富下降且低于该目标时，家庭将增加储蓄并逐渐使其财富达到该目标；当财富上升且高于该目标时，家庭将减少储蓄并逐渐使其财富达到该目标。金融约束政策的存在会以"租金"的形式从家庭部门攫取财富，通过目标的财富-收入比率的平衡，消费和财富扣除"租金"后在长期中会保持在一个固定的水平，因此，得到有金融约束下最优消费水平的近似方程：

$$c_t^e - Rent_t = b_0^e + b_1^e(a_t - Rent_t) \tag{7-27}$$

其中，b_0^e 和 b_1^e 为待定系数，$Rent_t$ 为 t 期金融约束政策发生时个体被攫取的租金。

$$Max\ E_t\left[\sum_{t=0}^{T-1}(1+\delta)^{-t}\frac{C_t^{(1-\gamma)}}{1-\gamma}\right]$$

$$= Max\ E_t\left[\sum_{t=0}^{T-1}(1+\delta)^{-t}\frac{[(1-p^e)C_t^u + p^eC_t^e]^{(1-\gamma)}}{1-\gamma}\right]$$

$$s.\ t.\quad (1-p^e)A_{t+1}^e + p^eA_{t+1}^u$$

$$= \{(1-p^e)A_t^e + p^eA_t^u - p^eRent_t - [(1-p^e)C_t^u + p^eC_t^e]\}\{(1+r_{at}^e)\alpha + (1+r_{ft}^e)(1-\alpha)\} \tag{7-28}$$

$$1+R_{p,t+1}^e = (1+r_{at}^e)\alpha + (1+r_{ft}^e)(1-\alpha) \tag{7-29}$$

有金融约束的概率为 p^e，无金融约束的概率为 p^u，$p^u + p^e = 1$。

采用动态规划的方法求解，构建贝尔曼方程：

$$V_t(A_t) = \underset{(c_t,w_t)}{Max}\{U(C_t) + (1+\delta)^{-1}E[V_{t+1}(A_{t+1})/t]\} \tag{7-30}$$

根据贝尔曼方程对 C_t 求一阶导：

$$(1-p^e)U'(C_t^u) + p^eU'(C_t^e)$$

$$= E(1+\delta)^{-1}\{[(1+r_{at}^u)\alpha + (1+r_{ft}^u)(1-\alpha)]$$

$$[(1-p^e)V_{t+1}'^u(A_{t+1}) + p^eV_{t+1}'^e(A_{t+1})]/t\} \tag{7-31}$$

在 $V_t'^u(A_t)$、$V_t'^e(A_t)$ 和 $U'(C_t^u)$、$U'(C_t^e)$ 的值之间沿着最优路径存在

着简单的包络关系，根据包络定理可得：

$$(1-p^e)V_t'^u(A_t)+p^eV_t'^e(A_t)=E(1+\delta)^{-1}\{[(1+r_{at}^u)\alpha+(1+r_{ft}^u)(1-\alpha)]$$
$$[(1-p^e)V_{t+1}'^u(A_{t+1})+p^eV_{t+1}'^e(A_{t+1})]/t\}=(1-p^e)U'(C_t^u)+p^eU'(C_t^e)$$
$$(7-32)$$

这里说明，沿着最优路径的财富的边际值必须等于消费的边际值。又因为 $U'(C_t)=(C_t)^{-\gamma}$，则欧拉方程可以写为：

$$\frac{1}{1+\delta}E_t(1+R_{p,t+1}^e)\left[p^e\left(\frac{C_{t+1}^e}{C_t^e}\right)^{-\gamma}+(1-p^e)\left(\frac{C_{t+1}^u}{C_t^u}\right)^{-\gamma}\right]=1 \qquad (7-33)$$

将式（7-28）对数线性化，并适当变形，可以得到：

$$a_{t+1}^e-rent_{t+1}=\log[\exp(a_t^e-rent_t)-\exp(c_t^e-rent_t)]-Vrent_{t+1}+r_{p,t+1}^e \quad (7-34)$$

式（7-34）在 $c_t^e-rent_t=E(c_t^e-rent_t)$ 和 $a_t^e-rent_t=E(a_t^e-rent_t)$ 处进行一阶泰勒展开，得到：

$$a_{t+1}^e-rent_{t+1}\approx k^e+\rho_a^e(a_t^e-rent_t)-\rho_c^e(c_t^e-rent_t)-Vrent_{t+1}+r_{p,t+1}^e \quad (7-35)$$

其中，

$$\rho_a^e=\frac{\exp[E(a_t^e-rent_t)]}{1+\exp[E(a_t^e-rent_t)]-\exp[E(c_t^e-rent_t)]}$$

$$\rho_c^e=\frac{\exp[E(c_t^e-rent_t)]}{1+\exp[E(a_t^e-rent_t)]-\exp[E(c_t^e-rent_t)]}$$

$$k^e=-(1-\rho_a^e+\rho_c^e)\log(1-\rho_a^e+\rho_c^e)-\rho_a^e\log(\rho_a^e)+\rho_c^e\log(\rho_c^e)$$

将欧拉方程，即式（7-34）进行对数线性化可得：

$$p^s\left[\log(1+\delta)^{-1}-\gamma E_t(c_{t+1}^s-c_t^e)+E_t(r_{p,t+1}^e)+\frac{1}{2}var_t(r_{p,t+1}^e-\gamma(c_{t+1}^s-c_t^e))\right]=0(s=e,u)$$
$$(7-36)$$

在式（7-36）中，令 $r_{p,t+1}^e=r_{a,t+1}^e$ 和 $r_{f,t+1}^e$，可以得到：

$$p^s\left[\log(1+\delta)^{-1}-\gamma E_t(c_{t+1}^s-c_t^e)+E_t(r_{a,t+1}^e)+\frac{1}{2}var_t(r_{a,t+1}^e-\gamma(c_{t+1}^s-c_t^e))\right]=0(s=e,u)$$
$$(7-37)$$

$$p^s\left[\log(1+\delta)^{-1}-\gamma E_t(c_{t+1}^s-c_t^e)+E_t(r_{f,t+1}^e)+\frac{1}{2}var_t(r_{f,t+1}^e-\gamma(c_{t+1}^s-c_t^e))\right]=0(s=e,u)$$
$$(7-38)$$

两式相减可得：

$$\mu + \frac{1}{2}\sigma_a^2 = \gamma p^e cov_t(Vc_{t+1}^e, r_{a,t+1}^e)(1 - p^e) cov_t(c_{t+1}^u - c_t^e, r_{a,t+1}^e) \qquad (7-39)$$

其中，μ 衡量的是风险资产的收益率与无风险资产收益率之间的差值，差值的方差为 σ_a^2。

根据式（7-27）、式（7-37）以及 $c_{t+1}^s - c_t^e = (c_{t+1}^s - rent_{t+1}) - (c_t^e - rent_t) + (rent_{t+1} - rent_t)$ $(s = e, u)$ 可以得到：

$$cov_t(c_{t+1}^s - c_t^e, r_{a,t+1}^e) = cov_t(b_1^s r_{p,t+1}^e + (1 - b_1^s)(rent_{t+1} - rent_t), r_{a,t+1}^e)$$
$$= b_1^s a_t^e \sigma_u^2 + (1 - b_1^s)\sigma_{eu} \ (s = e, u) \qquad (7-40)$$

将式（7-40）代入式（7-39）可得到：

$$\mu + \frac{1}{2}\sigma_a^2 = \gamma[(p^e b_1^e + (1 - p^e)b_1^u)\alpha_t^e \sigma_u^2 + p^e(1 - b_1^e)\sigma_{rent,a}] \qquad (7-41)$$

因此，在有金融约束政策下家庭最优的投资组合规则，即风险资产的投资比率为：

$$\alpha_t^{e*} = \alpha^{e*} = \frac{1}{\overline{b_1}}\left(\frac{\mu + \frac{1}{2}\sigma_a^2}{\gamma\sigma_a^2}\right) - \frac{p^e(1 - b_1)}{\overline{b_1}}\left(\frac{\sigma_{rent,a}}{\sigma_a^2}\right) \qquad (7-42)$$

其中，

$$\overline{b_1} = \pi^e b_1^e + (1 - \pi^e)$$

$$b_1^e = \frac{-[1 - p^e \rho_a^e + (1 - p^e)\rho_c^e] + \sqrt{[1 - p^e \rho_a^e + (1 - p^e)\rho_c^e]^2 + 4p^e(1 - p^e)\rho_a^e \rho_c^e}}{2p^e \rho_c^e}$$

$$b_0^e = -\frac{1}{k^e} \times \left[\left(\frac{1}{\gamma} - b_1^e\right)E_t(r_{p,t+1}^e) + \frac{1}{\gamma}\sum_{s=e,u}\pi^s \log\delta + \frac{1}{2\gamma}V^e - \pi^e(1 - b_1^e)\gamma - (1 - \pi^e)\right]$$

$$b_0^u - k^e]V^e = p^e(1 - b_1^e \gamma)^2 + (1 - p^e)(1 - \gamma)^2 VAR(r_{p,t+1}^e) + p^e \gamma(1 - b_1^e)$$

$$VAR(Drent_{t+1}) - 2p^e \gamma(1 - \gamma b_1^e)(1 - b_1^e)COV(r_{p,t+1}^e, Drent_{t+1})$$

其中，α^{e*} 表示均衡的风险资产投资比率，它不会随着时间的变化而变化。

（三）影响家庭持有风险资产比重的各变量分析

1. 家庭对风险的态度影响家庭持有风险资产的比重

$$\frac{\partial \alpha_t^{u*}}{\partial \gamma} = \frac{-\left(\mu + \frac{1}{2}\sigma_a^2\right)}{\gamma^2 \sigma_a^2}, \quad \frac{\partial \alpha_t^{e*}}{\partial \gamma} = \frac{-\left(\mu + \frac{1}{2}\sigma_a^2\right)}{\overline{b_1}\gamma^2 \sigma_a^2}.$$ 由于 μ、σ_a、γ 和 $\overline{b_1}$ 都是恒大

于零的，所以 $\dfrac{\partial \alpha_t^{u^*}}{\partial \gamma}$ 和 $\dfrac{\partial \alpha_t^{e^*}}{\partial \gamma}$ 为负，也就是说，家庭越厌恶风险，对风险资产的持有比例越小。第五章的分析结论中有家庭风险承受能力的下降导致风险资产的投资比例下降，与本章此处的分析结论一致。也就是说，当家庭面临着一个不确定的投资环境的时候，为了规避风险，将寻求一种稳定且风险低的金融资产投资方式——无风险资产或者储蓄存款。中国的家庭资产配置是在金融约束的框架下进行的，风险资产投资环境受制于国家影响力，价值规律作用甚微，因此，家庭的投资风格较保守，资产更多的配置在储蓄存款和无风险资产上。

2. 风险资产对数超额收益率影响家庭持有风险资产的比重

$\dfrac{\partial \alpha_t^{u^*}}{\partial \mu} = \dfrac{1}{\gamma \sigma_a^2} > 0$，$\dfrac{\partial \alpha_t^{e^*}}{\partial \mu} = \dfrac{1}{b_1 \gamma \sigma_a^2} > 0$。在其他条件不变的情况下，风险资产对数超额收益率的均值 μ 越大，投入该风险资产中的比例越高。

3. 风险资产对数超额收益率标准差影响家庭持有风险资产的比重

$\dfrac{\partial \alpha_t^{u^*}}{\partial \sigma_a} = \dfrac{-2\mu}{\gamma \sigma_a^3} < 0$，$\dfrac{\partial \alpha_t^{e^*}}{\partial \sigma_a} = \dfrac{-2\mu}{b_1 \gamma \sigma_a^3} + \dfrac{2\pi^e (1-b_1^e) \sigma_{rent,a}}{b_1 \sigma_a^3}$。$\dfrac{\partial \alpha_t^{e^*}}{\partial \sigma_a}$ 的符号取决于 $\sigma_{rent,a}$，当 $\sigma_{rent,a} < 0$ 的时候，方程的后半部分为负，由于方程的前半部分也为负，所以，$\dfrac{\partial \alpha_t^{e^*}}{\partial \sigma_a}$ 为负；当 $\sigma_{rent,a} = 0$ 的时候，方程的后半部分为零，由于方程的前半部分为负，所以，$\dfrac{\partial \alpha_t^{e^*}}{\partial \sigma_a}$ 为负；当 $\sigma_{rent,a} > 0$ 的时候，方程的后半部分为正，由于方程的前半部分为负，所以，$\dfrac{\partial \alpha_t^{e^*}}{\partial \sigma_a}$ 的符号从公式上无法判断，与这些变量各自的取值大小有关。$\sigma_{rent,a}$ 表示金融约束政策的冲击和风险资产对数超额收益率之间的相关性，当金融约束政策的冲击与风险资产超额收益率呈反向变动的时候，$\dfrac{\partial \alpha_t^{e^*}}{\partial \sigma_a}$ 为负，即风险资产的对数超额收益率波动率增大将导致家庭对风险资产的持有比重下降；当金融约束政策的冲击与风险资产对数超额收益率之间不相关的时候，$\dfrac{\partial \alpha_t^{e^*}}{\partial \sigma_a}$ 仍然为负；当金融约束政策的冲击与风险资产对数超额收益率呈正向变动的时候，$\dfrac{\partial \alpha_t^{e^*}}{\partial \sigma_a}$ 的符号无法判断。总之，当金融约束政策的冲击与风险资产对数超额

收益率呈反向变动时，风险资产的价格波动幅度越大，家庭对风险资产的配置比例就越小。

4. 金融约束政策冲击与风险资产对数超额收益率的协方差影响家庭持有风险资产的比重

$$\frac{\partial \alpha_t^{u*}}{\partial \sigma_{rent,a}} = 0, \quad \frac{\partial \alpha_t^{e*}}{\partial \sigma_{rent,a}} = \frac{-\pi^e (1-b_1^e)}{\bar{b}_1 \sigma_a^2} < 0。\quad \sigma_{rent,a}$$ 与家庭投入风险资产的比例负相关，即金融约束政策冲击对风险资产对数超额收益率的影响越大，家庭对风险资产的持有比例越小。当 $\sigma_{rent,a} = 0$ 时，$\alpha_t^{e*} = \alpha^{e*} = \dfrac{1}{\bar{b}_1}\left(\dfrac{\mu + \frac{1}{2}\sigma_a^2}{\rho\sigma_a^2}\right)$，因为 $0 < \bar{b}_1 < 1$，

所以，$\alpha_t^{e*} = \alpha^{e*} < \alpha_t^{u*} = \alpha^{u*}$，也就是说，当家庭处于金融约束政策影响下的资本市场时，即使没有任何的金融约束政策发生，家庭还是会不自觉地减少对风险资产的持有。$\alpha_t^{e*} = \alpha^{e*} = \dfrac{1}{\bar{b}_1}\left(\dfrac{\mu + \frac{1}{2}\sigma_a^2}{\gamma\sigma_a^2}\right) - \dfrac{p^e (1-b_1)}{\bar{b}_1}\left(\dfrac{\sigma_{rent,a}}{\sigma_a^2}\right)$，当 $\sigma_{rent,a} > 0$ 时，

市场上发生金融约束政策的冲击与风险资产的对数超额收益率呈同向变动，家庭对风险资产的配置比例下降；当 $\sigma_{rent,a} < 0$ 时，市场上发生的金融约束政策的冲击与风险资产的对数超额收益率呈反向变动，家庭对风险资产的配置比例上升。

5. 金融约束政策发生的概率影响家庭持有风险资产的比重

$$\frac{\partial \alpha_t^{u*}}{\partial p^e} = 0; \quad \frac{\partial \alpha_t^{e*}}{\partial p^e} = \left(\mu + \frac{1}{2}\sigma_a^2\right)\frac{(1-b_1^e)}{\gamma\sigma_a^2 \bar{b}_1^2} - \frac{(1-b_1^e)\,\sigma_{rent,a}}{\left(p^e\sigma_a\left(b_1^e + \frac{1}{p^e} - 1\right)\right)^2}。\quad \frac{\partial \alpha_t^{e*}}{\partial p^e}$$ 的符号也

取决于 $\sigma_{rent,a}$，当 $\sigma_{rent,a} < 0$ 的时候，方程的前半部分为正，后半部分也为正，所以 $\dfrac{\partial \alpha_t^{e*}}{\partial p^e}$ 为正，也就是说，如果金融约束政策的冲击与风险资产对数超额收益率呈反向变动时，金融约束政策发生的可能性越大，家庭对风险资产的配置比例越高；$\sigma_{rent,a} > 0$ 的时候，方程前半部分为正，后半部分为负，所以 $\dfrac{\partial \alpha_t^{e*}}{\partial p^e}$ 的符号无法判断；$\sigma_{rent,a} = 0$ 的时候，$\dfrac{\partial \alpha_t^{e*}}{\partial p^e}$ 为正。

6. 消费的金融财富弹性影响家庭持有风险资产的比重

$$\frac{\partial \alpha_t^{u*}}{\partial b_1^e} = 0, \quad \frac{\partial \alpha_t^{e*}}{\partial b_1^e} = \frac{-p^e\left(\mu + \frac{1}{2}\sigma_a^2\right)}{\overline{b}_1^2} + \frac{p^e\sigma_{rent,a}\left(b_1 + (\overline{1} - b_1^e)\ p^e\right)}{\sigma_a^2\ \overline{b}_1^2} \circ \frac{\partial \alpha_t^{e*}}{\partial b_1^e} \text{的符}$$

号取决于 $\sigma_{rent,a}$，当 $\sigma_{rent,a} < 0$ 的时候，方程的前后两个部分都为负，则 $\frac{\partial \alpha_t^{e*}}{\partial b_1^e}$ 为负，即金融约束政策的冲击与风险资产对数超额收益率呈反向变动的时候，消费的金融财富弹性也反向影响家庭持有风险资产的比重；当 $\sigma_{rent,a} = 0$ 的时候，$\frac{\partial \alpha_t^{e*}}{\partial b_1^e}$ 为负；当 $\sigma_{rent,a} > 0$ 的时候，方程前半部分为负，后半部分为正，$\frac{\partial \alpha_t^{e*}}{\partial b_1^e}$ 的符号无法判断。

总之，家庭的风险厌恶程度、风险资产的对数超额收益率、风险资产超额收益率的标准差、金融约束政策的冲击和风险资产对数超额收益率之间的相关性、金融约束政策的发生概率和消费的金融财富弹性共同影响着家庭对风险资产的配置。在后四个因素的影响路径中，金融约束政策的冲击都发挥了直接或者间接的作用。有金融约束政策存在的金融市场中，家庭会不自觉地减少对风险资产的持有；当 $\sigma_{rent,a} > 0$ 时，即金融约束政策的冲击与风险资产对数收益率呈正向变动，家庭对风险资产的配置比例下降；当 $\sigma_{rent,a} < 0$ 时，即金融约束政策的冲击与风险资产对数收益率呈反向变动，通过影响风险资产对数收益率的标准差，使得家庭对风险资产的持有比例下降。另外，金融约束政策发生的概率、消费的金融财富弹性也会影响家庭对风险资产的持有比例。然而，由于金融约束政策影响家庭风险资产配置的渠道很多，所以无法就影响方向得出一致性的结论，还必须综合考虑家庭风险厌恶度、风险资产超额收益率等因素。

第八章 金融约束政策影响家庭资产配置的实证检验

金融约束政策通过价格型政策和数量型政策改变了资产的合理收益率结构，房地产市场的超高收益率与股票市场的超低收益率并存。收益率结构失衡通过投资者的资产替代最终影响到家庭资产配置结构。

本章旨在探索资产的超额收益率与资产替代和资产配置结构之间的关系，检验房地产与储蓄存款、股票之间是否存在"跷跷板效应"，如果存在这一效应，那么它可能关联着资产收益率结构的失衡。

一、实证检验的基本情况

（一）TVP – VAR 模型

自 Sims（1980）提出了 VAR 模型以来，VAR 模型已被广泛应用于多个领域。虽然其具有很强的系统分析优势，但固定参数的假定使 VAR 模型的解释能力受到很大的约束。学者们不断对 VAR 模型进行了扩展，扩大其解释能力。

Canova（1993）、Sims（1993）、Cogley 和 Sargent（2001）等运用系数漂移的 VAR 模型来做分析，同时多变量的随机波动模型也开始被讨论，如 Harvey、Ruiz 和 Shephard（1994），Jacquier 等（1995），这些研究大多数对方差、协方差矩阵的演化过程加以约束。沿着该研究方向，Cogley 和 Sargent（2003）使用了具有漂移系数和随机方差的 VAR 模型，但变量之间的同步关系不变，这也意味着该方法只能应用于数据描述和预测。Boivin（2001）考虑随时间变动的同步关系，却又忽略了异方差问题。Ciccarelli 和 Rebucci（2003）将 Boivin 的模型进行扩展，允许服从 t 分布的方差。Primiceri（2005）进一步将模型扩展为允许截距、VAR 系数、方差和结构影响都随时间变动的 TVP – VAR 模型，最终使我们能够以一种灵活而有力的方式分析基础经济结构随时间变动的潜在变化。

继 Primiceri（2005）之后，TVP – VAR 方法迅速被一些学者应用于分析宏观经济问题。Benati 和 Mumtaz（2005）、Benati（2008）使用 TVP – VAR 方法预测了英国经济稳定的通货膨胀，Baumeister、Durinck 和 Peersman（2008）将该模型应用于欧元区以内，评价过剩的流动性对宏观经济变动的影响。Nakajima 等（2009，2010）也将之应用于日本的经济数据。D. Agostino、Gambetti 和 Giannone（2010）检验了 TVP – VAR 模型与其他标准 VAR 模型的预测，证明了其预测优势。

要定义 TVP – VAR 模型，我们从一个简单的结构 VAR（SVAR）模型开始：

$$Ay_t = F_1 y_{t-1} + \cdots + F_s y_{t-s} + u_t \quad t = (s+1), \cdots, n \quad (8-1)$$

式（8 – 1）中，y_t 为 $k \times 1$ 维列向量观测值，A，F_1，$\cdots$，F_s 都是 $k \times k$ 维系数矩阵，u_t 是 $k \times 1$ 维结构干扰项。假定 $u_t: N(0, \sum \sum)$，$\sum = \begin{pmatrix} \sigma_1 & L & 0 \\ M & O & M \\ 0 & L & \sigma_k \end{pmatrix}$。描述同步结构冲击的 A 是下三角矩阵：

$$A = \begin{pmatrix} 1 & 0 & L & 0 \\ a_{21} & 1 & L & 0 \\ M & M & O & M \\ a_{k1} & a_{k2} & L & 1 \end{pmatrix} \quad (8-2)$$

于是式（8 – 1）可以写为：

$$y_t = B_{t-1} y_{t-1} + \cdots + B_s y_{t-s} + A^{-1} \sum \varepsilon_t, \quad (8-3)$$

$\varepsilon_t \sim N(0, I_k)$，$B_i = A^{-1} F_i$。如果将各 B_i 的要素按行进行堆栈得到 $k^2 s \times 1$ 维向量 β，并定义 $X_t = I_k \otimes (y'_{t-1}, \cdots, y'_{t-s})$，其中 $\otimes$ 为克罗内克积符号，式（8 – 3）可写为：

$$y_t = X_t \beta + A^{-1} \sum \varepsilon_t \quad (8-4)$$

式(8-4)中的所有参数都是随时间变动的状态变量，分别写作 β_t、A_t 和 $\sum_t$。假定参数都服从随机游走过程：$\beta_{t+1} = \beta_t + u_{\beta t}$，$a_{t+1} = a_t + u_{at}$，$h_{t+1} = h_t + u_{ht}$，且有：

$$
\begin{pmatrix} \varepsilon_t \\ u_{\beta t} \\ u_{at} \\ u_{ht} \end{pmatrix} \sim N \left(0, \begin{pmatrix} I & 0 & 0 & 0 \\ 0 & \sum_\beta & 0 & 0 \\ 0 & 0 & \sum_a & 0 \\ 0 & 0 & 0 & \sum_h \end{pmatrix} \right) \tag{8-5}
$$

在很多情况下，经济变量的数据产生过程会有系数漂移和随机波动的产生，在这种情况下，固定波动率的假定会使随时间变动的系数产生较大的误差。但在应用方面，随机波动的假定往往会因需要估计的参数过多而使似然函数(Likelihood Function)难以处理。为解决这些难题，马尔可夫链蒙特卡罗模型(MCMC)方法便在贝叶斯推论中广泛应用。通过 MCMC 方法，不但各变量可以准确地估计各参数，而且能够将状态变量一同估计。TVP-VAR 采用随机波动率假设，可以解决经济模型中漂移的系数和随机波动的异常情况。

本书数据处理使用的软件为 OxMetrics，模型计算使用 Jouchi Nakajima 的 TVP-VAR 软件包。

(二)关于指标的说明

1. 资产收益率结构

本书的资产收益率结构均衡意味着资产处于均衡收益率的状态，那么资产收益率结构的失衡指的就是资产收益相对其均衡值的偏离。这里的资产是广义的，不仅包括不同层次的货币性资产之间的替代，还包括货币性资产与非货币性资产之间的替代、金融资产与实物资产之间的替代。将资产选择或者说资产替代的范围扩大到股票、资本品、不动产等资产的原因有两点：第一，资产就是具有价值储藏功能的财产。股票、资本品、不动产等和货币一样，具有价值储藏的能力，是货币的"迁徙地"之一。第二，股票等资产只要有发达的二级市场，就很容易转化为货币资产 M1，从这一点来说，资产与储蓄存款没有本质的区别(张亦春等，2008)。资产收益率相对均衡值的偏离指的是长期过度偏离，这种偏离会导致资产价格泡沫的滋生，进而成为经济不稳定的根源。

资产所对应的超额收益率代表着资产收益率结构的失衡，收益率结构失衡是引起资产替代的原因，超额收益率越高，资产替代的动机越强，反之则动机越弱。资产替代的结果就是中国家庭资产配置结构中，储蓄类资产（包括储蓄存款和部分的房地产投资）的比重畸高。度量资产超额收益率的方法是资产收益率与市场利率之差。

2. 市场利率

基准利率是以金融市场供求为基准，对其他的利率水平起到影响和制约作用，是金融资产的定价基础。市场利率是指，金融市场资金均衡状态下的利率水平，在金融约束政策影响下的金融市场，均衡市场利率水平应当是剔除了金融约束政策影响的利率水平。但如何确定金融约束程度是一个非常复杂的问题，本书引入市场利率是为了计算资产的超额收益率，因此市场利率起到的是一个标尺的作用，为了处理方便，本书将市场利率等价于基准利率。

对基准利率的选择问题，国内相关文献很少。这可能是因为发达国家利率早已实现市场化，市场利率可观测，这一问题不存在争议，因此也就不受关注。国内学者对这一问题进行过一些探索，但未达成共识。温彬（2004）通过对各种利率的相关性进行比较认为，同业拆借利率和债券市场回购利率适合作为基准利率；戴国强和梁福涛（2006）对相关利率进行统计分析和 Granger 因果检验认为，银行间债券回购利率作为金融市场的短期利率优于其他利率；蒋贤锋（2008）从资产定价的角度，研究了基准利率的选择认为，存款利率尤其是活期存款利率最有效，应当成为中国金融市场的基准利率；郭红兵和钱颖（2008）的研究结果表明，国债利率、政策性金融债利率、央行票据利率、银行间回购利率、Shibor 利率可以用作不同期限的基准利率，从长远来看，国债收益率成为唯一基准利率是大势所趋。詹向阳等（2008）的研究认为，基准利率体系的建设将以 Shibor 利率和国债二级市场收益率为核心，构建接近无风险的利率体系。方先明等（2009）应用 Granger 因果检验和股市与汇率对 Shibor 的脉冲响应分析，检验了 Shibor 作为中国货币市场基准利率的可能性。结果表明 Shibor 具有较高的稳定性，初步成为中国货币市场金融产品的定价基准。梁琪等（2010）的研究发现，在基准收益率曲线的短端，Shibor 的基准地位有待加强，央行票据利率极为重要，央行存贷款基准利率包含大量的信息；在基准收益率曲线的长端，交易所国债回购利率发挥着重要作用。本书分析的数据频率为月度数据，所以采用基准收益率曲线的短端较为合适，在短端可选利率中，Shibor 为 2007 年 1 月 4 日起正式运行，数据量太少无法采用；银行间债券回购利率是商业银行、保险公司、证券公司进行债券买卖和回购的利率，资金主要集中在政府信用债券，对资本市场的影响不大，不适合作为资本市场的基准利率；央行票据利率的期限有 3 个月期和 1 年期，本书需要的是月度数据，期限不匹配。因此，考虑到交易的活跃程度和利率体系的完善程度，本书最终采取了同业拆借利率来表示市场利率。

3. 资产替代

按照国际货币基金组织的要求，现阶段中国的货币供应量定义为，狭义货币 M1 包括流通中的现金和活期存款；广义货币 M2 除了包括 M1，还包括定期存款、储蓄存款、其他存款和证券公司的客户保证金，M2 的流动性比 M1 弱，但是收益较高，风险也较高。M1/M2 表示狭义货币供给相对广义货币供给的比重，该值增大的时候表明货币的流动性增强，货币流动速度增大，反之则货币的流量性减弱，货币的流动速度减小。

度量资产替代的方法是各种资产在财富中所占比重的变化。由于各资产的存量数据难以获取，所以本书用货币和广义货币之比（M1/M2）来代表资产替代，M1/M2 的比率上升，经济的活跃度上升，人们的消费意愿增强，经济趋热，信贷增速提高，通货膨胀压力增加。

4. 资产配置中的储蓄存款占比

度量资产配置结构的方法是各种资产在财富中所占的比重。同样，各资产的存量数据难以获取，所以本书用广义货币和国内生产总值之比（M2/GDP）来代表资产配置中的储蓄存款占比。

M2/GDP 表示与经济量相匹配的货币供应总量，总体上看，它是衡量一国经济金融化的初级指标。通常来说，该比值越大，说明经济货币化的程度越高。然而从 20 世纪 90 年代以来，中国的 M2/GDP 迅速上升，且远远超过欧美发达国家和其他转型国家的水平（汪洋，2007）。麦金农（1996）把中国货币供应量的高速增长而没有带来通货膨胀的现象称作"中国之谜"。在货币领域的探讨中，鲜有学者不讨论该指标的，在对高比率 M2/GDP 现象成因的研究中，有两个主流观点：一是经济虚拟化理论。超额货币的存在可以用股票市场的交易来解释（石建民，2001），股票、房地产等存量资产也存在一个货币化的进程（帅勇，2002；伍志文，2003）。周小川（2005）认为实体经济层面本身的货币化程度提高也会对货币供应量提出更高的需求。二是金融资产结构单一化理论。该理论以樊纲和张晓晶（2000）的研究为代表。他们认为，当一国的金融结构以银行为主，金融市场不发达，那么全社会的大部分金融资产就只能以银行储蓄的形式存在。这样准货币就处于一个非常高的水平，从而导致 M2 也很高。而一国的金融结构是以金融市场为主，居民在资产选择上就有更大的自由度，其资产形式也不会仅仅是银行储蓄，它可以是股票、债券以及其他形式的金融资产，这样，银行储蓄就可以转化为股票、债券，准货币的量就会下降，M2 就会减少。易纲和吴有昌（1999）在《货币银行学》中也持这种观点，认为 M2/GDP 比率高，一方面是金融深化的结果，另一方面也反映了中国金融资产结构的问题，后者是由于中国资本市场发展滞后造成的。曾令华（2001）认为，中国总储蓄率高且银行储蓄存款又是居民储蓄的重要组成部分，这是导致中国 M2/GDP 比率较高的原因之一。相反，储蓄率较低且资产形式很丰富的国家，如美国，该比率就较低。秦朵（2001）采用经济计量模型，用居民储蓄总额解释了广义货币中的准货币部分。文章得出的结论之一就是，中国的 M2/GDP 比率持续超高速增长主要是由准货币的高速增长造成的，而准货币的高速增长又可以用储蓄存款的高速增长来解释。准货币较高可能是因为居民储蓄形式的单一性。上述两种理论都提到了资本市场发展与 M2/GDP 之间的相互关系，前者认为资本市场的货币化引起 M2/GDP 比率的增加；后者认为，资本市场的滞后发展引起了家庭资产配置结构的单一，从而家庭资产的主要存在形式是储蓄存款，体现为 M2/GDP 比率的高水平。笔者认为，资本市场的货币化固然会引起 M2/GDP 的增加，但是金融资产结构单一导致的储蓄存款高应该是 M2/GDP 比率高的主要原因。

（三）基于向量自回归和脉冲响应函数的动态关系分析

为了确定股票市场超额收益率（stock）、房地产市场超额收益率（house）和资产替代（M1/M2）以及三者之间的相互影响关系，本书采用向量自回归的方法对上述变量之间的相互关系进行检验。首先，股票和房地产市场超额收益率的变化会推动资产替代的变动，进而引起资产配置结构的畸形，即储蓄存款比重高；其次，资产替代的变动和资产配置中储蓄存款占比的变化可能引起股票市场和房地产市场的超额收益率变化；最后，在各变量序列表现出较强自相关的情况下，这种互动影响关系成为构建 VAR 模型和协整模型的理论基础。股票市场超额收益率（stock）、房地产市场超额收益率（house）和资产替代指标的 VAR 模型可以写作：

$$y_t = \alpha + A_1 y_{t-1} + \cdots + A_s y_{t-s} + \varepsilon_t \tag{8-6}$$

其中，$y_t = (\text{stock}_t，\text{house}_t，(\text{M1/M2})_t)'$，$A_x(x = 1，\cdots，s)$ 为 3×3 矩阵，α 和 ε 为 3×1 列向量。

同样，股票市场超额收益率、房地产市场超额收益率和资产配置中的储蓄存款占比的 VAR 模型可以写作：

$$y_t = \alpha + A_1 y_{t-1} + \cdots + A_s y_{t-s} + \varepsilon_t \tag{8-7}$$

其中，$y_t = (\text{stock}_t，\text{house}_t，(\text{M2/GDP})_t)'$，$A_x(x = 1，\cdots，s)$ 为 3×3 矩阵，α 和 ε 为 3×1 列向量。

VAR 模型可以通过脉冲响应技术评价冲击对变量的动态影响，脉冲响应函数试图描述，来自随机项的一个标准差冲击对内生变量当前值和未来值的影响的轨迹，显示任意一个变量的扰动如何通过模型影响所有其他变量，最终又反馈到自身的过程。也就是说，脉冲响应函数描绘了各种冲击对每个内生变量影响的时间路径，以确定每一个内生变量对其本身和其他内生变量的冲击如何做出反应。

(四) 数据来源

本书的研究时间范围为 1996 年 1 月至 2011 年 12 月，包括了中国通货紧缩时期、经济扩张时期、金融危机时期和后金融危机时期四个阶段，数据频率为月度数据。数据样本包括商品房销售价格同比增速、深圳综合指数的同比增速、M1 的同比增长率、M2 的同比增长率、M1 同比增速/M2 同比增速、30 天同业拆借利率的同比增速、M2/GDP 的同比增速。

商品房销售价格用当月均价乘以月销售面积得出；2008 年以后，中小板块的涨幅对上证指数贡献很大，指数失真，因此本书选取深圳综合指数；M2/GDP 用月度 M2 除以月度 GDP 得到。为剔除季节性变化影响，分析的序列为各变量与上年同期相比的增长率。本书将商品房销售价格的同比增速作为房地产收益率的代理变量，将深圳综合指数的同比增速作为股票收益率的代理变量，房地产收益率和股票收益率分别减去同期的市场利率即为两个市场的超额收益率。M1 同比增速/M2 同比增速作为资产替代的代理变量。M2/GDP 的同比增速作为资产配置中储蓄存款占比的代理变量。

二、资产超额收益率影响家庭资产替代的实证检验

(一)变量序列平稳性检验结果

为了消除虚假回归的问题,对三组变量进行差分处理和单位根检验,检验结果如表8-1所示。

表8-1 单位根检验结果

变量检验形式	ADF 检验值	麦金农临界值(1%,5%,10%)	单位根检验结果
Stock(8, c, 0)	-3.86022***	(-3.47487, -2.88099, -2.57722)	平稳
House(2, c, 0)	-2.63777**	(-3.4731, -2.88021, -2.57681)	平稳
M1/M2(4, c, 0)	-3.93657***	(-3.47367, -2.88046, -2.57694)	平稳

注:①用 AIC 准则确定滞后阶数分别为8、2、4;检验形式分别为滞后8阶、滞后2阶、滞后4阶;包含常数项、没有趋势项。② ** 表示5%水平上显著, *** 表示1%水平上显著。

(二)TVP-VAR 分析

图8-1描述了三个变量随时间变动的波动发展变化情况,前三张小图(a-c)表示样本数据,后三张小图(d-f)表示方差的变化情况,黑实线上下的虚线表示方差上下一个标准差的范围。从方差发展情况来看,三个变量方差具有时变特征:资产替代在2000年、2003~2005年、2008年和2011年各有一次上升;股票超额收益率在2008年和2010~2011年各有一次升高;房地产超额收益率一直处于一种波动的状态,在2006年和2010年各有一次升高。房地产超额收益率和股票超额收益率的方差波动总体较为平稳,只在几个年份出现较大波动,股票超额收益率的方差在2008年的经济高速发展时期迅速上升,2011年的经济萧条也促使股票超额收益率的波动频率加大;房地产超额收益率在1999年、2003年、2008年、2010年出现较大波动,与这几个年份的宏观经济环境有关,1998年实行住房制度改革,2002年推出土地招拍挂,2003年出台央行121号文件,2010

年颁布"国四条"和"国十一条"，政策的实施都影响并改变着宏观经济环境。

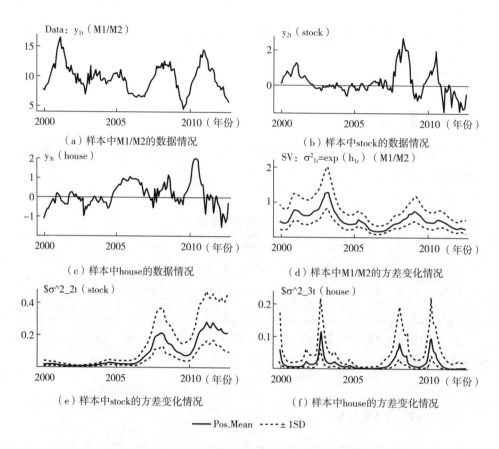

图 8-1   房地产超额收益率、股票超额收益率、资产替代指标的波动率变化情况

图 8-2 描述了三变量间不同滞后期脉冲反应随时间动态演化的情况。图中实线表示滞后 4 期的脉冲反应结果，点划线表示滞后 8 期的脉冲反应结果，点虚线表示滞后 12 期的脉冲反应结果，由于 1 月的数据缺失，所以图中是显示滞后 3 期、7 期和 11 期。股票超额收益率的冲击对资产替代的影响大多数时间为正，房地产超额收益率的冲击对资产替代的影响大多数时间为负，说明股价的上升预示着经济的活跃度，资产替代频繁，而房地产更多地表现为家庭的一种储备性资产，抗通胀且保值增值。住房的购买对大多数家庭来说，抑制了未来的消费，资产替代减弱。房地产超额收益率的上升往往与股票超额收益率的变化方向相反。房地产超额收益率冲击对股票超额收益率的影响时正时负，股票超额收益率冲击

对房地产超额收益率的影响大多数时间为正，说明股票市场是一种完全的投资品市场，其对房地产市场的收入效应大于替代效应，而房地产的购买群体中包括满足自住需求的家庭，因此，难以将投资的因素单独考虑。

资产替代的冲击对股票超额收益率和房地产超额收益率的影响均为正，说明资产替代的发生代表着经济活性的提高，经济繁荣，因此，对股票和房地产的需求也上升，进而收益率上升。从图中还发现，资产替代对股票超额收益率的冲击大于对房地产超额收益率的冲击，原因是房地产的投资金额较股票大，对大多数家庭来说，需要积攒半辈子的收入才能买一套房子，而股票的投资额相对容易实现。考虑到不断上涨的房地产价格、规模不断扩大的金融市场，资产替代指标向房地产市场的传导存在很大的不确定性，极易受其他因素的影响，资产替代的变化对房地产超额收益率的影响，导致一度出现滞后4期的脉冲幅度低于滞后8期和滞后12期幅度的情况。

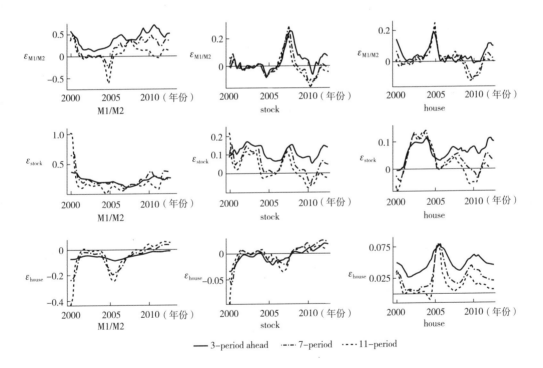

图8-2　房地产超额收益率、股票超额收益率、资产替代指标脉冲反应动态演化情况

这种冲击在不同时期对波动的影响也是不一样的，图8-3选择了2000年、

2004年、2006年和2010年中的5月作为四个时点，分别代表繁荣时期、萧条时期、繁荣时期和危机时期，对比其脉冲反应结构。从股票超额收益率对资产替代的影响来看，短期反应在2000年最高，2010年次之，2006年最低，2000年家庭可选择的资产范围相对狭小，因此，不论股票的冲击还是房地产的冲击都会明显影响资产替代；房地产超额收益率对资产替代的影响在2000年最强，2006年次之，2010年最弱，1998年住房制度改革，2002～2003年国家又一次从供给角度影响房地产市场，对市场的影响较为强烈，此后的调控手段都是从需求角度对房地产市场进行调整，政策的反应强度相对较弱。从反应的时滞来看，房地产超额收益率对资产替代的影响为负值；股票超额收益率对资产替代的影响相比房地产超额收益率来说，其脉冲反应很快就表现出收敛的趋势，而房地产的收敛速度较慢。说明股票超额收益率对资产替代的影响较简单明了，房地产超额收益率对资产替代的影响路径较复杂和缓慢，原因也是源于房屋的特殊属性——兼具投资品和消费品的特征，且投资周期长，投资金额高。从反应的幅度来看，各个年份之间的差异较大，资产替代反映的是各种资产之间的相互转化，本书只是选取了股票与房地产两种资产，各个年份由于涌动的资产品种不同，因此考虑股票超额收

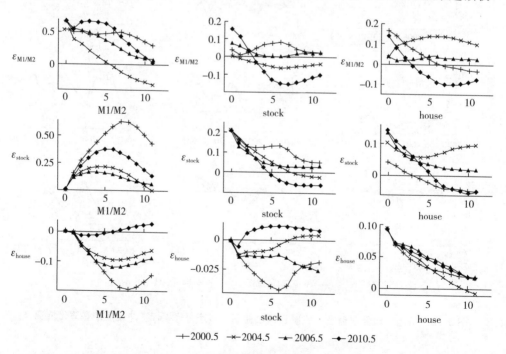

图8-3　房地产超额收益率、股票超额收益率、资产替代指标不同阶段脉冲反应比较

益率脉冲和房地产超额收益率脉冲的影响时就有了很大差别。资产替代的冲击对股票超额收益率和房地产超额收益率的影响在 2010 年都有很长时间处于负值，这与 2008 年金融危机的冲击不无关系。对于中国而言，金融危机在 2008 年大多从心理层面影响经济，而到了 2010 年，有很多学者把这一时期称为后危机时代——经济出现了全面的滑坡，所以，资产替代的冲击也没能改变股票市场和房地产市场的低迷。资产替代对股票超额收益率的影响在 2004 年也表现为负值，2004 年的宏观经济走势处于衰退阶段，经济萧条势必影响股市的基本面。而同样的经济状况对房地产的影响却正好相反，从脉冲反应图上可以看出，2004 年资产替代对房地产超额收益率的正向影响比其他年份都强，这正说明了股票和房地产这两类主要的投资品之间有着很明显的替代效应，除非经济出现全面整体的下滑，如金融危机的影响，房地产都是居民家庭抵御经济波动的首选资产。

（三）结论

房地产超额收益率冲击和股票超额收益率冲击会影响资产替代，股市的繁荣促进资产替代的活跃，房地产的繁荣反而会减弱资产替代。家庭购置房产更多是满足居住的需要和资产保值的需要，通过房产投资获取巨大财富的家庭毕竟是少数，因此，房价的上涨很大程度上约束了家庭的财务自由，使得家庭将在较长的时间内只能维持生活低水平。投资股市的家庭对家庭的资产安排有更多的想法，因此对其他资产品种的需求也较旺盛。

三、资产超额收益率影响家庭资产配置中的储蓄存款占比的实证检验

（一）变量序列平稳性检验结果

为了消除虚假回归的问题，本书对三组变量进行差分处理和单位根检验，检验结果如表 8-2 所示。

表8-2   单位根检验结果

变量	检验形式	ADF 检验值	麦金农临界值（1%，5%，10%）	单位根检验结果
stock	(8，c，0)	-3.86022***	(-3.47487，-2.88099，-2.57722)	平稳
house	(2，c，0)	-2.63777**	(-3.4731，-2.88021，-2.57681)	平稳
M2/GDP	(6，c，0)	-4.13657***	(-3.47267，-2.88052，-2.59694)	平稳

注：①用 AIC 准则确定滞后阶数分别为 8、2、4；检验形式分别为滞后 8 阶、滞后 2 阶、滞后 4 阶；包含常数项、没有趋势项。②＊＊表示在 5% 水平上显著，＊＊＊表示在 1% 水平上显著。

（二）TVP - VAR 分析

图 8-4 描述了三个变量随时间变动的波动发展变化情况，前三张小图（a、b、c）表示样本数据，后三张小图（d、e、f）表示方差的变化情况，黑实线上

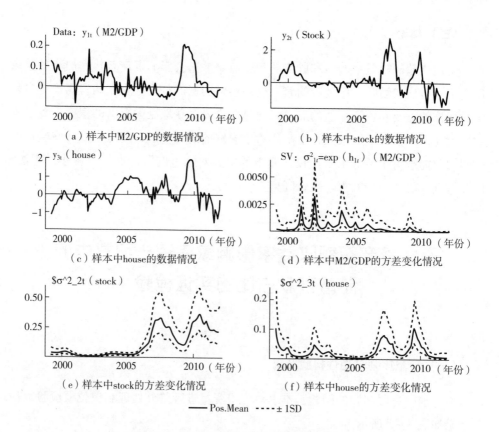

（a）样本中M2/GDP的数据情况

（b）样本中stock的数据情况

（c）样本中house的数据情况

（d）样本中M2/GDP的方差变化情况

（e）样本中stock的方差变化情况

（f）样本中house的方差变化情况

—— Pos.Mean   ---- ± 1SD

图 8-4   房地产超额收益率、股票超额收益率、资产配置结构指标的波动率变化情况

下的虚线表示方差上下一个标准差的范围。股票超额收益率和房地产超额收益率的情况在上一节已经描述过，此处不再重复。从方差发展情况来看，资产配置指标的方差具有时变特征：资产配置中储蓄存款的占比在 2002 年、2003～2005 年和 2009～2010 年各有一次上升。

图 8-5 描述了三组变量间不同滞后期脉冲反应随时间动态演化的情况。图中实线表示滞后 4 期的脉冲反应结果，点划线表示滞后 8 期的脉冲反应结果，点虚线表示滞后 12 期的脉冲反应结果，由于 1 月的数据缺失，所以图中是显示滞后 3 期、7 期和 11 期。股票超额收益率的冲击对资产配置中储蓄存款占比的影响刚开始为正，然而随着冲击持续的时间变长，影响转变为负数，可见发展资本市场、提高股票的收益率水平，最初会由于货币化进程而导致资产配置中储蓄存款占比的上升，可是随着时间的推移，股票市场的高收益会吸引家庭将资产从储蓄存款转向资本市场，体现为资产配置中储蓄存款占比的下降。房地产超额收益率的冲击对资产配置中储蓄存款占比的影响短期内为负，长期影响为正。在现实生活中，每一轮房价暴涨在开始的时候总是伴随着投资者的疯狂跟进，因此，购房支出的发生暂时性地降低了资产配置中储蓄存款的占比，一段时间过后购买力出

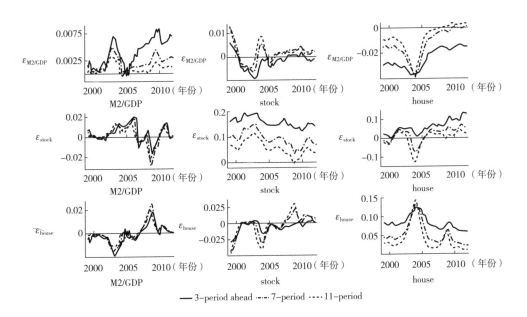

图 8-5　房地产超额收益率、股票超额收益率、资产配置结构
指标脉冲反应动态演化情况

清，投资者又为下一次的购买积累资金，资产配置中储蓄存款占比表现为上升。例如，从 2012 年 9 月到 2013 年 3 月，房地产市场又经历了一轮量价齐升的过程，许多投资者恐慌性购买。"国五条"的生效限制了部分购买者的资格，2013 年 4 月到 5 月成交量急剧下跌。

资产配置中储蓄存款占比的冲击对股票超额收益率的影响时而为正时而为负，对房地产超额收益率的影响均为负，说明一般情况下资产配置结构中储蓄存款占比的增加必然会削减流向股票和房地产的资金，降低两个市场上的收益率。然而股票市场时常给投资者一种"一夜暴富"的幻想，当储蓄存款占比高的时候，投资者可能会有部分闲置资金为寻找新的投资渠道而进入股市，尤其在一连串利好消息的刺激下更可能如此，所以出现资产配置中储蓄存款占比的冲击对股票超额收益率影响不确定的现象。从图中还发现，资产配置中储蓄存款占比对股票超额收益率的冲击小于对房地产超额收益率的冲击。在中国的家庭资产配置中，除了储蓄存款占比高之外，房地产占比高也是一个很典型的特点，在第六章的分析中已经阐述过房产占比高和风险资产占比低的原因，可以说对于中国的家庭资产配置，储蓄存款和房地产是两类相互替代的投资品，而股票对家庭的吸引力大大弱于前两者，因此，资产配置中储蓄存款占比对房地产超额收益率的冲击要大于对股票超额收益率的冲击。

这种冲击在不同时期对波动的影响也是不一样的，图 8 - 6 选择了 2000 年、2005 年和 2010 年的 5 月作为三个时点，分别代表繁荣时期、萧条时期、繁荣时期和危机时期的对比脉冲反应结构。从股票超额收益率对资产配置中储蓄存款占比的影响来看，短期反应在 2000 年最低，2005 年最高，2010 年次之。2000 年、2005 年和 2010 年的冲击反应为正，2006 年的冲击反应为负。原因是 2000 年家庭可配置的资产中股票占比很小，因此，股票收益率的变动不会影响储蓄存款的占比。2006 年，资本市场中的债券、基金等投资品发展迅速且收益可观，但凡有投资就有收益，投资者在考虑资产配置时慢慢转向资本市场，储蓄存款占比降低。可是好景不长，随后全球性金融危机的爆发和股票市场原有的缺陷暴露出来，投资者吃亏之后逐渐退出资本市场。可见只有当资本市场能够为投资者提供长期、稳定的收益时，股票的超额收益率冲击才会降低家庭资产配置中的储蓄存款占比，否则投资者的行为都是短期性、投机性的，在股票上的获利不会成为投资者留在该市场后续投资的原动力。投资者只会将收益存入银行，形成储蓄存款占比的上升。房地产超额收益率对资产配置中储蓄存款占比的影响在 2006 年和

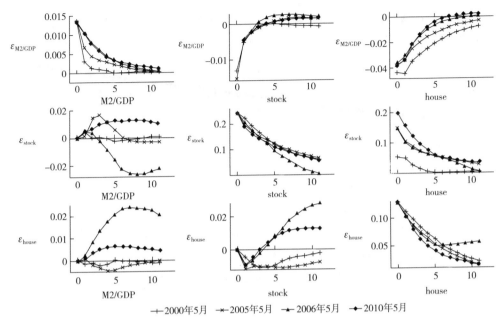

图 8 - 6 房地产超额收益率、股票超额收益率、资产配置结构
指标不同阶段脉冲反应比较

2010 年的冲击反应为正，2000 年和 2005 年的冲击反应为负。从 1998 年住房制度改革开始，房地产市场进入了不断市场化的进程，2005 年之前，房价的上涨速度较慢，市场并未呈现出明显的房价泡沫，其超额收益率的增加吸引有购买需求的家庭尽快进入该市场，从而置换了资产配置中的储蓄存款。此后，经过几轮暴涨，房地产市场的投资特征越发明显，家庭已经不再将住房看作是必需品，存钱买房成为许多人终生的目标，因此，房地产超额收益率的提高抑制了家庭的其他投资，甚至消费，家庭将资产全部囤积在储蓄存款上，以满足未来的买房之需。资产配置中出现存款占比的冲击对股票超额收益率和房地产超额收益率的影响均为负，且对房地产超额收益率的影响大于对股票超额收益率的影响。其原因在于，储蓄存款的增加占用了家庭的可支配财富，从而对股票的需求减小，超额收益率降低。与股票相比，房地产与储蓄存款之间的替代效应更加明显，所以储蓄存款的上升自然而然对房地产超额收益率的影响更为明显。

（三）结论

房地产超额收益率冲击和股票超额收益率冲击会影响资产配置中储蓄存款的

占比。房地产收益的上升对资产配置中储蓄存款占比的影响在短期内为负，在长期内影响为正，可见，房地产的持续高额收益强化了家庭储蓄的动机，禁锢了消费，约束了其他的投资行为。股票收益的上升最初会由于货币化进程而导致资产配置中储蓄存款占比的上升，可是随着时间的推移，股票市场持续的高收益会替代家庭资产配置中的储蓄存款，这种现象在资本市场健康、繁荣的时期表现得更加明显，而如今的中国资本市场令许多投资者望而却步，获得收益便马上抽离，助长了投机与短视行为，从而使得储蓄存款占比居高不下。

本章深入分析了房地产超额收益率、股票超额收益率与资产替代和资产配置中储蓄存款占比的相互影响。资产配置结构是资产替代的结果，在两组实证结论中，两者表现出统一性：大力发展资本市场可以降低家庭资产配置中储蓄存款的占比，并鼓励形成多样化的资产配置结构；有效控制房地产市场也可以降低储蓄存款占比，解放家庭的财务约束，为其他消费行为做准备。

第九章 家庭债务与经济增长的实证分析

当现有财富不足以配置资产的时候，家庭便需要依靠负债，因此债务是研究家庭资产配置的重要内容之一。家庭债务和非金融企业债务在宏观经济增长中扮演着重要角色，衡量债务水平的重要指标是杠杆率。2008年大规模经济刺激计划以来，中国非金融企业杠杆率飙升，家庭真实的债务水平也不低，加上上升速度快等现象引人担忧，去杠杆成为理论界和实务界热议的话题。

自2015年12月，中央经济会议提出"三去一降一补"五大任务后，去杠杆就备受关注。2016年底，中央经济会议首次提出要在控制总杠杆率的前提下，把降低非金融企业杠杆率作为重中之重。结合中国杠杆率现状，2018年4月，财经委第一次会议中提出了"结构性去杠杆"的新思路，也就是"要对不同的部门、债务类型提出不同的要求，尽快降低地方政府和企业的杠杆率特别是国有企业，努力实现宏观杠杆率稳定和逐步下降"。从去杠杆，到企业去杠杆，再到结构性去杠杆，我们可以越发清晰地发现在去杠杆的过程中，不同实体部门的不同角色。事实上，在经济下行阶段，若各个部门同时去杠杆，有可能造成总需求的大幅下降，对经济增长和就业造成长期的不利影响。因此，为保证总杠杆率"稳定和逐步下降"，居民部门是否能主动成为加杠杆的主体，保持相对平稳的需求环境，缓解非金融企业部门去杠杆带来的经济下行压力开始引起人们的关注。而这也是本章讨论的重点，即在去杠杆的背景下，当今居民杠杆率水平是否过高，是否有进一步增加杠杆率的空间，而如果继续增加居民杠杆的话，是否能对经济增长做出贡献。

首先，通过居民债务/可支配收入、居民贷款/居民存款和居民年偿还额/可支配收入的比率这三个指标的引入以及居民杠杆率区域性的分析，更加真实地反映中国居民债务情况，探究其是否能进一步承受杠杆率的提高。然后，通过房地产及消费支出两个角度，分析居民杠杆率高企对金融系统稳定以及未来经济增长的影响渠道，探究增加居民杠杆率对经济增长的作用机制以及过高的杠杆率给经济增长带来的危害。最后，实证分析居民杠杆率的变化对经济增长的影响。

一、基本概念

（一）家庭债务三大衡量指标

虽然在对家庭债务水平做国际对比时，最常用的指标是居民部门债务/GDP，因为这有助于消除不同国家和地区间由于经济体量的差异对债务总量的影响，但它忽略了GDP在不同经济部门间分配比例不一的问题，为了更加真实地反映居民部门的偿债压力，衡量居民部门债务是否过高，可以结合居民债务/可支配收入、居民贷款/居民存款和居民年偿还额/可支配收入的比率进行分析，如图9-1所示。

由于GDP是一国经济中各部门的总收入，因此在衡量居民的实际偿债能力时还要考虑收入分配的问题，看居民获得的可支配收入有多少。在联合国国民核算统计年鉴里，中国居民可支配收入占GDP的比例为62.1%，处于平均水平。但如果用居民债务占可支配收入的比重来衡量，会发现中国居民部门进一步增加杠杆的空间并不多了。在OECD组织2009年公布的数据中，美国这一比例虽然曾在金融危机前后大幅突破100%，但金融危机爆发后迅速下滑，当前为102.5%；日本这一比例从20世纪90年代以来基本都低于100%；而中国居民债务占可支配收入的比重由2007年的30.4%快速上升至81.9%。并且应该考虑到中国居民不仅向银行借贷，还会大量从父母、亲戚、朋友处借款，而后者的隐性杠杆是没有被考虑在内的，居民的实际债务压力并不小。

从居民贷款/居民存款的比率来看，居民加杠杆的空间也越来越小。由于存款可以反映居民的资产和财富状况，贷款可以反映债务状况，所以该比例可以衡量举债和偿债能力的变化。自2007年以来，该比例不断攀升，截至2017年达到了69.1%的高点。从历史规律来看，居民存、贷款增速之间的关系非常密切，并且贷款增速要滞后于存款增速，这是由于居民财富增加时会增加负债，但姜超（2017）指出，自2015年以来，中国居民存款同比增速并没有太大变化，而贷款增速却从15%攀升至24%，与存款增速脱离。并且自2015年开始，中国净存款数额不断下降，2017年为26万亿元，如今已经降至2013年初的水平，因为缺乏存款增长的有效支撑，居民进一步增加贷款的空间并不大。

从居民年偿还额/可支配收入的比率来看，该比率考察的是在居民部门的可支配收入中，用于偿还每年债务本金与利息之和占可支配收入的比例，更好地反映了居民短期内的债务流动性压力。中国该比例也是不断攀升，由2009年的13.3%上升至2017年的29.8%，可见实际居民的偿债压力上行较快。

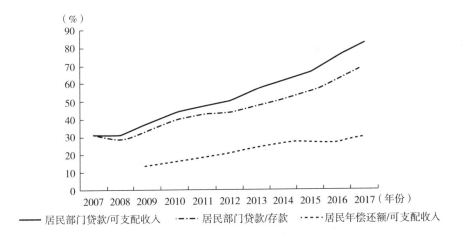

图9-1　家庭债务衡量三大指标

资料来源：Wind、申万宏源研究。

（二）居民杠杆率的区域性

目前，由于衡量居民杠杆率的各种指标主要是从全国层面进行衡量的，而基于此得出的居民债务总量不高的结论有可能遮掩了城市间居民债务的差异。根据中国指数研究院对近100个城市2017年居民杠杆率的测算发现，中国居民杠杆率呈现出不均衡分布状态，有明显的地区分化趋势。珠三角、长三角这些传统发达地区居民杠杆率最高，珠三角及周边地区居民杠杆率为82.44%，长三角及周边地区为74.21%，这些地区有发达的经济做基础，金融市场也相对成熟。西部地区、中部地区居民杠杆率次之，分别为57.55%、55.35%，其居民的债务总量、杠杆率均接近于全国平均水平。东北地区、京津冀地区和山东半岛居民杠杆率最低，分别为40.6%、36.65%、34.94%，杠杆率远低于全国平均水平，且增长较为温和。值得注意的是，目前，中国居民杠杆率与整体经济发展水平并不一致，西部地区与中部地区或山东半岛地区相比，偏高的居民杠杆率和经济发展水平并不对应。另外，对于高杠杆现象，当该城市居民负债程度与收入水平相匹配时，收入的增速能够维持杠杆率的增加，高杠杆风险的自我出清压力较小。但仍有些城市出现偏离，厦门、珠海、合肥、惠州等这几个近年房价上涨较快的二三线城市，其平均工资收入与杠杆率并不匹配，体现为收入中等，但杠杆率畸高，因此这些城市后期风险的自我出清存在较大压力，居民债务压力高于全国平均水平。

（三）杠杆率作用机理

随着杠杆率对一国经济发展的重要程度日益受到关注，其对经济发展的影响作用也受到不少学者的重视，典型的代表就是金融深化理论和债务－通缩理论。

金融深化理论认为，金融信贷增长能通过收入效应和投资效应等，提高实际国民收入、投资效率等，促进对经济发展的积极作用。而政府对金融活动的过多干预反而压制了金融体系发展，而金融体系发展不足又阻碍了经济发展，造成了金融抑制与经济衰退的恶性循环。但也有人指出，信贷的过度扩张，会导致金融深化的有效性降低，增大金融脆弱性。

债务－通缩理论认为，杠杆率过度上升并不利于经济增长，尤其是当债务积累到一定程度时，为了避免信用风险的增大，债务人在偿还债务时，大量资产的廉价抛售会引致货币的收缩和流通速度的下降，价格水平的普遍下跌意味着企业利润下降，企业不得不减少产出、降低劳动力成本。收入的下降、资产净值损失以及价格的下跌都使得居民真实债务水平攀升，高债务和通货紧缩的恶性循环导致总需求的降低，进一步加剧经济衰退。

实际上，由上述杠杆率对经济发展的影响机理可知，杠杆率对经济增长的作用效果很大程度取决于其利用效率。在资本存量较低的情况下，通过提升杠杆率可以缓解流动性不足实现投资，信贷发展可以加速生产和资本积累促进经济增长。然而当杠杆率增长速度过快、水平较高时，信贷成本上升大于边际回报，或者大量信贷资金用于投机进行空转，会对金融的稳定性造成冲击。并且当杠杆率水平足够高时触发约束效应，步入债务－通缩通道，导致产出水平下降、经济开始衰退。

二、居民加杠杆与经济增长

探究居民杠杆率是否处于过高水平的问题，主要出于两个普遍性担忧：一是过高的居民杠杆率会触发系统性风险；二是过高的居民杠杆率会抑制未来经济增长。笔者认为，居民杠杆率高企对金融系统稳定以及未来经济增长的影响其实是通过两个角度来实现：存量角度——大量债务违约、资产质量的恶化和信用收缩；流量角度——偿还债务会挤出消费、造成需求收缩以及收入下降，即从资产和消费支出两个方面产生影响。由于居民资产占比以房地产为主，因此接下来本节将结合上述杠杆率对经济增长的作用机理，从房地产及消费两个视角分析增加居民杠杆率影响未来的经济增长。

（一）房地产视角

从中国居民的资产负债情况来看，无论是资产端还是负债端都与房地产市场有着密不可分的关系。就资产端而言，中国居民实物资产占比将近60%，并且绝大部分为房产，金融资产占比相对较少。虽然近年来投资渠道逐渐多元化，但房地产市场的火热仍使房产占比居高不下，一旦房价下行，将会对中国居民的资产造成冲击，使得杠杆率进一步上升。从负债端来看，居民的债务结构以中长期消费贷款为主，占比过半，并且中长期消费性贷款又主要对应着房贷，表明居民部门加杠杆实质上是依靠房地产贷款的快速上涨实现的。

结合图9-2，本书从房地产的视角分析增加居民杠杆影响经济增长的路径。房地产投资仍是当前中国居民投资的主要渠道，值得注意的是，居民增加杠杆虽然有利于降低居民的购房门槛，提升居民的购买能力，从而提升房地产需求，促进房价上涨，但同时也放大了市场风险并可能影响社会稳定。降低首付比例等居民加杠杆政策出台后，居民能够通过更低的起始金额获得房屋所有权。房屋由于其固定性和上涨预期是优良的抵押品，对于金融机构而言，也更倾向于向个人发放房贷。原先买不起房的消费者能够买更多的房产，导致居民购房需求的提升。

若房贷上升是经济结构合理的信贷需求，则不存在未来的泡沫风险，并且由于房地产对经济发展具有拉动作用。此时，在加杠杆的背景下，房地产市场的兴起大大刺激了经济增长。然而近年来中国房地产价格的不断攀升，增强了消费者的信心，助长了人们对房地产市场的看涨心态，同时，由于社会普遍的看涨预期，房地产也正由消费品属性向投资品属性转移，成为人们保值增值的投资品。中国家庭金融调查与研究中心指出，中国大多数城市有 20% 以上的家庭拥有两套及以上住房。随着房地产成为资产保值增值的重要手段，其价格可能剧烈膨胀，远超其合理价值，具有较大的资产泡沫风险。杨明秋（2011）的研究表明，信贷数量与资产价格存在相关性，人们对未来信贷扩张的预期以及信贷扩张程度的不确定性将提高泡沫的严重程度，而银行金融过度支持与房地产泡沫产生存在很强的关联性。金融机构偏好房贷、不断增加房贷供给、提升房贷折扣等居民加杠杆行为的根本在于不断上涨的房价价格，居民不断贷款买房的行为基础也在于房价看涨预期。Turner（2015）指出，较高的债务水平和杠杆率虽然可能持续较长的时间，但是最终都将收敛至合理的正常水平。当居民快速增加杠杆在某个水平出现停滞，快速上涨的房价将失去需求支撑而下跌。出于谨慎考虑，债权人对清偿债务的要求通常会提升，从而引发一系列的连锁反应，步入经典的费雪债务－通货紧缩"螺旋通道"：当债务清偿引起的价格下降速度超过名义债务偿还速度时，将导致实际负债增加，由于房产和土地是当前占比最大的抵押品，在恐慌情绪下，大量资产的进一步廉价抛售致使价格水平持续下降，而居民资产负债的恶化将导致更多的违约破产。这会对银行资金安全造成较大的风险隐患，引发金融体系的系统性风险。

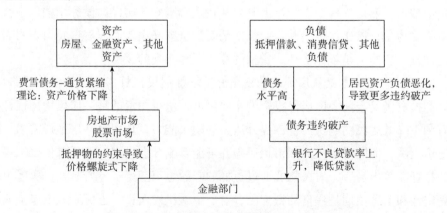

图 9-2 房地产视角的居民杠杆率影响经济增长

考虑到当前住房政策的不断缩紧以及中国步入城镇化中后期的现状，房地产市场持续繁荣缺乏有效的支撑，此时进一步增加居民杠杆率并非明智之举。由图9-3可以看出，2016～2018年中国商品住宅销售额累积增长率开始大幅下降，主要城市新建商品住宅销售价格指数的走势也趋于下降，房地产市场开始逐渐降温。这都使得居民通过进一步增加杠杆投资获利的机会更小。事实上为了抑制房地产市场过热，自2017年开始，多地出台房地产调控措施，银行不断收紧房地产融资，各地房贷利率纷纷上浮。"认房又认贷"的二套房认定标准等限贷、限购措施使得居民进行房地产投资的成本增大，而且随着租购同权、租赁住房的不断推行，房价的过快上涨起到一定的遏制。另外，房地产市场火热的背后是非城镇人口对城市住宅的真实需求。2017年，中国城镇化率达到58.52%，且大多数省会城市城镇化率高达70%。根据《2017年中国城镇住房控制分析》报告，目前中国家庭住房自有率为85.0%，其中城镇家庭住房拥有率为80.8%，城镇家庭多套房住房拥有率为22.1%，可见人们的住房需求已日益满足。此外，当前中国房地产市场存在大量的泡沫似乎已经成为共识，房屋的投机功能大于居住功能，尤其是三四线城市出现了大量空置房。因此，在泡沫严重但房价上涨乏力的情况下，不宜再进一步增加居民杠杆率。

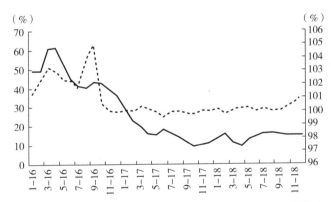

——商品住宅销售额累计增长（%）（左）　……主要城市新建商品住宅销售价格指数（上月=100）（右）

图9-3　2016～2018年商品住宅销售趋势

资料来源：国家统计局。

（二）消费视角

从消费视角分析居民杠杆率高企对未来经济增长的影响前需注意的是，一般而言，居民债务会从正反两个方向影响消费：正面来说，居民可通过借贷在一定程度上放松预算约束，此时居民债务会对居民消费起到促进作用；反面来说，当居民债务累计增长速度过快时，居民债务对流动性的收紧作用越发明显，居民反而没钱消费，此时居民债务增加反而会进一步降低消费。这是由于居民债务对消费的影响往往由"财富效应"和"挤出效应"共同作用。适当的居民借贷能够通过补充总财富缓解当期收入不足而提高消费，即为"财富效应"，此时居民债务推动消费进一步增长并促进经济发展；但当居民债务不断累积，过高的债务规模恶化了居民的资产负债表，刚性偿付的压力使得居民不得不压缩消费，即为"挤出效应"，这两个作用力的相对大小决定了居民债务对总消费的最终影响。田国强等（2018）通过构建 2015～2017 年中国的省际数据模型发现，居民杠杆率与居民消费整体呈现负相关关系，居民部门快速加杠杆会让债务对消费的挤出效应越发明显——随着居民杠杆率每升高 1%，城镇家庭人均实际消费支出就降低 0.11%。另外，从图 9-4 还可以看出，在 2008 年金融危机以前，社会消费品零售总额增速持续上升，最高值达 22%，但危机过后，增速却持续下滑。在2008～2017 年居民借贷水平持续上升，两者的背离反映了居民债务快速累积对消费的挤出作用。随着居民债务水平的升高，其进一步取得贷款的可能性就降低，某种程度上也抑制了支出的增加。

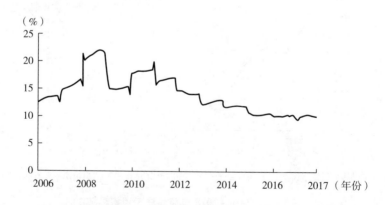

图 9-4　2006～2017 年社会消费品零售总额累计增长率

资料来源：国家统计局。

由于居民部门增加杠杆是在非金融企业部门去杠杆的背景下提出的，目的是为了缓解去杠杆过程中给经济增长造成的负面冲击，因此从消费视角对居民增加杠杆效应的分析时，将两个部门结合起来共同考虑二者间的相互作用是有必要的。在实体经济中，居民部门既是劳动力的供给方也是消费方，而非金融企业部门为居民部门提供就业机会，也是供给方，二者的相互作用影响着经济增长的波动。当居民部门需求增长时，非金融企业部门为了提高供给主动扩大生产，雇用大量劳动力，居民部门在收入上涨的同时进一步提高需求，在此循环下经济快速增长。从前文的分析中可以发现，如今中国居民实际债务压力较大，并且较高的居民杠杆率对消费已经产生了挤出效应，居民消费增速正不断下降。结合图9－5分析，当居民部门过度增加杠杆时，居民部门债务负担持续增加，需要将更多的收入用于偿还负债，必然限制居民消费支出的增长空间。相应地，非金融企业部门面临总需求下降、盈利能力减弱的困境，加上非金融企业正处在去杠杆的阶段，融资约束加大，这都使得企业不得不减少投资，缩减生产。当企业为降低支出成本，削减员工工资甚至裁员时，居民收入被迫降低，这又大大增加了高杠杆居民的偿付压力，居民需求进一步降低。在居民、非金融企业间的负反馈作用下，不仅使得内需拉动中国经济的作用越来越弱，也使得非金融企业经营效益大幅下滑，影响到企业有效地去杠杆，相反，还有可能迫使企业通过借贷维持经营而被动加杠杆。从根本上看，投资需求是消费需求的派生需求，居民消费商品种类的变动直接影响着相关产业的发展变化：哪种商品成为居民消费组成的一部分，该产业就可以继续存在并发展。居民消费的低迷，并不利于创造出新的生产需求。此外，居民债务高企，更使其缺乏新兴产业的投资能力，并不利于经济发展。

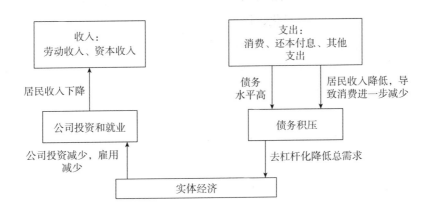

图9－5 消费视角的居民杠杆率影响经济增长

随着中国经济步入转型阶段，消费结构也面临着转型升级，后者的成功能有效地促进经济结构升级。因此，在考虑居民部门增加杠杆对消费的影响时，还需要进一步考虑增加杠杆对消费结构的作用。事实上，按满足居民生活的层次可以将消费分为生存型消费、发展型消费和享受型消费三类，在这三类消费中，生存型消费由于满足的是人们的基础性消费层次，需求弹性最小，只有当这类消费需求被满足后，消费才会向后两类较高的层次发展。而中国的消费升级，也即是要提升人们用于发展型消费和享受型消费的比重。但潘敏和刘知琪（2018）基于CFPS 数据，通过实证发现，中国居民增加杠杆会显著抑制居民总支出的增加，并且在消费结构中，促进生存型消费的增加而抑制发展型消费和享受型消费的支出，尤其在城镇居民中更为显著。事实上，中国居民增加杠杆主要是用于房地产投资，而过高的债务压力却给具有更高弹性需求的发展型消费和享受型消费带来冲击，这给经济结构的转型升级带来了一定的阻碍，并不利于经济的健康发展。

三、家庭债务与经济增长的实证检验

（一）模型的选择

在探究家庭债务影响经济增长的实证分析上，本章通过定量分析居民杠杆率的合理区间来实现。过往学者的研究主要有两类：一是测算阈值。当杠杆率达到临界值时，经济增长发生变化，以此判断居民杠杆率水平的高低。如宋亚等（2017）、马勇和陈雨露（2017）通过构建以杠杆率为门槛变量，包含经济增速、资本存量增速等变量的门槛模型，发现存在某一阈值，当杠杆率大于此阈值时，经济增长显著发生变化。二是衡量居民杠杆率水平的方式。通过探究杠杆率对经济增长短期及长期的影响，以此衡量当前杠杆率是否还有进一步增加的空间。如田新民等（2016）、郭新华等（2016）、谢云峰（2017）分别通过构建 VECM 模型、SVAR 模型、ARDL – ECM 模型将居民消费、居民债务和经济增长等纳入同一个系统联动考虑居民债务对经济增长的影响。

基于上述计量方法，本章使用 Eviews10.0 软件，通过门限回归（TR）模型初步判断居民杠杆率是否过高。由于 SVAR 模型可以识别多个变量间的同期及滞后期的动态关系，本书再继续通过构建 SVAR 模型，探究各变量间的相互影响效应，考虑增加居民杠杆率是否有利于促进经济增长、为非金融企业部门去杠杆提供较有利的环境。

（二）数据的选取与处理

在指标选取中，郭新华等（2016）选用了家庭债务、家庭住宅投资、企业债务、企业固定投资和国内生产总值作为探究居民债务和企业债务对经济发展的影响指标。田新民等（2016）通过考虑居民债务、居民消费和生产总值三个变量，探究各自间的作用效应。马勇和陈雨露（2017）通过构建包含 GDP 增长率、居民最终消费支出增长率、储蓄率、杠杆率等变量，探究金融杠杆与经济增长间的联系。鉴于上述学者在杠杆率与经济增长的实证研究中对变量的选取，本章主要考虑的是，在非金融企业部门去杠杆过程中，居民部门增加杠杆对经济增长的作用，并且居民部门增加杠杆通过影响消费、资产投资而作用于经济，非金融企业部门往往通过生产投资而影响居民收入。因此，在本章的实证分析中，将选择国内生产总值、居民杠杆率、非金融企业杠杆率、居民消费、社会固定投资这五个变量作为研究指标。

（1）国内生产总值（GDP）。反映的是一个国家或地区在一定时期生产最终产品和提供劳务价值的总和，是用来考察宏观经济波动的核心指标。

（2）居民杠杆率（HD）。居民债务与 GDP 之比，用来反映居民部门债务水平。居民通过杠杆率的增减以调节可支配收入影响支出。

（3）非金融企业杠杆率（CD）。非金融企业债务与 GDP 之比，用来反映非金融企业债务水平。非金融企业利用杠杆扩大生产投资，进而刺激经济。

（4）居民消费（CONS）。住户对货物和服务的全部最终消费支出。作为拉动经济的一大动力，居民消费是实现居民债务和经济增长关系的重要纽带，通过消费，居民债务对经济增长发生作用。

（5）社会固定资产投资（INV）。指以货币形式表现的、企业在一定时期内建造和购置固定资产的总额。固定资产投资对政策变化反应敏感，尤其是基建和房地产这两个分项，企业通过大量投资拉动经济增长。

本书选取 2006 年第一季度至 2017 年第四季度的季度数据，其中非金融企业杠杆率和居民杠杆率数据来自国际清算银行 BIS 数据库，国内生产总值和固定资产投资数据来自国家统计局。另外，由于在国家统计局中，总居民消费数据仅有年度数据，而城镇居民消费数据有季度数据和年度数据，因而将年度城镇居民消费占总居民消费的比重，类比于季度数据，从而测算出总居民消费的季度数据。为了使分析更准确地反映实际情况，在处理数据时，首先，通过 X－13 对数据进行季节调整，消除季节的趋势因素。其次，在处理居民消费数据时，由于《中国货币政策执行报告》所公布的季度居民消费价格指数（CPI）是以上一年同期为基期，本书将 2005 年各季度 CPI 作为基期，定为 100，2006 年各季度公布的数据是实际值，其他年份季度 CPI 则是通过连乘，转化为以 2005 年为基期的价格指数，再对居民消费进行价格因素的剔除。同样地，用相同的方式通过固定资产投资价格指数、GDP 平减指数剔除掉固定资产投资、生产总值的通货膨胀因素。最后，考虑到 GDP、居民消费、固定资产投资这三个变量水平差异较大，对处理后的数据取对数，分别表示成 LNGDP、LNCONS 和 LNINV。

（三）居民杠杆率阈值估计

门限模型是一种重要的结构变化模型，当门限变量通过某一门阈值时，函数模型具有分段线性的特征，在不同区段内发生了变化。因此，可以通过构建门限模型，探究当居民杠杆率作为门限变量时，居民杠杆率超过某一阈值，经济发展趋势是否会发生改变，以此来初步判定当前中国居民部门杠杆率是否过高。

1. 门限回归（TR）模型简介

以单门槛分析为例，现假定有被解释变量 y 及解释变量 x_1，x_2，…，x_m，其中 x_p 为门限变量，找出 x_p 的最大值和最小值，得出 x_p 的变化区间即 $[x_p(min)，x_p(max)]$，首先，在此区间内给定一个门限初值记为 $x_p^{(0)}$，凡是满足 $x_{pi} > x_p^{(0)}$（$i = 1$，2，…，n）的样本组成一组子样本，记为 $y^{(1)}$，其余作为另一组子样本，记为 $y^{(2)}$。其次，通过方差分析方法，求出 $y^{(1)}$ 和 $y^{(2)}$ 这两组子样本各自的差异显著性检验值，记为 $F_p^{(0)}$。再次，运用一维搜索来不断调整门限初值，记为 $x_p^{(k)}$，并重新计算两组子样本的差异显著性检验值，记为 $F_p^{(k)}$，使得 $F_p^{(k)}$ 达到最大值的 $x_p^{(k)}$，即为门限变量 x_p 的门限阈值 λ，当 x_p 超过此门限阈值时，被解释变量 y 的走势会发生改变。最后，被解释变量 y 可以表示为：

$$\begin{cases} y_t = \alpha_1 x_{1t} + \cdots + \alpha_p x_{pt} + \cdots + \alpha_m x_{mt} \\ y_t = \beta_1 x_{1t} + \cdots + \beta_p x_{pt} + \cdots + \beta_m x_{mt} \end{cases}, \qquad (9-1)$$

2. TR 模型的检验与估计

（1）序列平稳性检验。

由于门限模型的数据要具有平稳性，因此先运用 ADF（Augmented Dickey – Fuller）检验方法对各个变量进行单位根检验，检验结果如表 9 – 1 所示。

由表 9 – 1 可知，在 10% 显著水平下，各变量均拒绝原假设，通过平稳性检验，为平稳序列。

表 9 – 1　变量平稳性检验结果

变量	检验类型	p 值	结论
HD	(C, T, 1)	0.0147	平稳
LNCONS	(C, T, 0)	0.0553	平稳
CD	(C, T, 1)	0.0667	平稳
LNINV	(C, T, 4)	0.0569	平稳
LNGDP	(C, 0, 0)	0.0002	平稳

注：检验形式（C, T, N）中，C 指常数项，T 指趋势项，N 指滞后阶数。

（2）TR 模型的实证结果与分析。

以国内生产总值（LNGDP）为被解释变量，居民杠杆率（HD）为门限变量，非金融企业杠杆率（CD）、居民总消费（LNCONS）、固定资产投资（LNINV）为其余解释变量，构建门限模型如式 9 – 2 所示，

$$\begin{cases} LNGDP_t = \alpha_1 LNCONS_t + \alpha_2 LNINV_t + \alpha_3 HD_t + \alpha_4 CD_t, & (HD_t < \lambda) \\ LNGDP_t = \beta_1 LNCONS_t + \beta_2 LNINV_t + \beta_3 HD_t + \beta_4 CD_t, & (HD_t \geq \lambda) \end{cases} \quad (9-2)$$

通过对式（9 – 2）进行估计，得到估计结果如表 9 – 2 所示，当 $\lambda = 0.31$ 时，$R^2 = 0.99$，D. W. $= 2.02$，模型显著性检验通过，居民消费、固定资产投资、居民杠杆率和非金融企业杠杆率对于生产总值具有典型的门限影响特征。其中，当居民杠杆率小于 0.31 时，居民消费对应的系数为 1.16，此时居民杠杆率对生产总值起拉动作用，但当居民杠杆率大于等于 0.31 时，居民消费的系数降为 0.67，消费对经济的促进作用明显下降。在第 1 区制中，虽然固定资产投资对经济增长呈现出负作用，但由于 p 值 0.62 过大，因此并不能通过显著性检验，且在第 2 区制中，固定资产投资对经济增长的促进作用显著地通过了检验，大体满足了固定资产拉动经济增长这一实际情况。作为门限变量的居民杠杆率，当其大于 0.31 时，对经济增长的促进作用缩小了近 3 倍。对于非金融企业杠杆率而言，虽然在两个区制内，其对经济增长都是抑制作用，但当居民杠杆率大于 0.31 时，抑制

作用放大了近 1 倍。

表 9 – 2　生产总值门限回归（TR）模型估计结果

第 1 区制（HD < 0.31）			第 2 区制（HD ≥ 0.31）		
解释变量	参数估计	p 值	解释变量	参数估计	p 值
LNCONS	1.1633	0.0000	LNCONS	0.6734	0.0000
LNINV	– 0.0245	0.6221	LNINV	0.4786	0.0018
HD	1.4807	0.0000	HD	0.5218	0.0121
CD	– 0.4680	0.0000	CD	– 0.7267	0.0000
				$R^2 = 0.99$　D. W. = 2.02	

实际上，从 2013 年开始，中国居民部门杠杆率就已经大于 0.31，到 2017 年底，居民杠杆率已达 0.48。虽然距离发达国家平均 0.6 的水平还有一定的距离，但不可忽视的是，通过门限回归模型的结果可初步估算，当居民杠杆率较大时，无论是自身还是居民消费对经济增长的促进作用都有了明显的下降，而且此时非金融企业杠杆率对经济增长的抑制作用更为明显。因此，通过门限回归模型初步认为当前居民杠杆率对经济的拉动效率并不高，且杠杆率水平偏高，不宜再继续增加。

（四）基于 SVAR 模型的居民加杠杆效应分析

为了进一步了解各变量间的作用关系，本书继续将国内生产总值（LNG-DP）、居民消费（LNCONS）、固定资产投资（LNINV）、居民杠杆率（HD）和非金融企业杠杆率（CD）这五个变量纳入同一个系统，建立 SVAR 模型，探讨各变量间的相互影响，以此来分析居民部门是否应继续增加杠杆，以及能否为非金融企业去杠杆创造有利环境。

1. VAR 模型与 SVAR 模型简介

VAR 模型把系统中每一个内生变量作为系统中所有内生变量滞后值的函数来构造模型，以此来分析各变量间的跨期关系，考虑不含外生变量的 p 阶向量自回归模型 VAR（p），形式如下：

$$y_t = \phi_1 y_{t-1} + \phi_2 y_{t-2} + \cdots + \phi_p y_{t-p} + \varepsilon_t, \ t = 1, 2, \cdots, T \qquad (9-3)$$

式中，y_t 为 k 维内生变量列向量；p 为滞后阶数；T 为样本个数；k × k 维矩

阵 ϕ_1，$\cdots$，ϕ_p 为待估计的系数矩阵；ε_t 为 k 维扰动列向量。

式（9-3）可以展开表示为：

$$
\begin{pmatrix} y_{1t} \\ y_{2t} \\ \vdots \\ y_{kt} \end{pmatrix} = \phi_1 \begin{pmatrix} y_{1t-1} \\ y_{2t-1} \\ \vdots \\ y_{kt-1} \end{pmatrix} + \phi_2 \begin{pmatrix} y_{1t-2} \\ y_{2t-2} \\ \vdots \\ y_{kt-2} \end{pmatrix} + \cdots + \phi_p \begin{pmatrix} y_{1t-p} \\ y_{2t-p} \\ \vdots \\ y_{kt-p} \end{pmatrix} + \begin{pmatrix} \varepsilon_{1t} \\ \varepsilon_{2t} \\ \vdots \\ \varepsilon_{kt} \end{pmatrix}, \quad t = 1, 2, \cdots, T
$$

$$(9-4)$$

也可以将式（9-3）写成滞后算子形式：

$$\phi(L) y_t = \varepsilon_t, \quad E(\varepsilon_t \varepsilon'_t) = I_k \tag{9-5}$$

式（9-5）中，$\phi(L) = I_k - \phi_1 L - \phi_2 L^2 - \cdots - \phi_p L^P$，$\phi(L)$ 是滞后算子 L 的 $k \times k$ 的参数矩阵。

可以看出 VAR 模型右端仅含各内生变量的滞后项，并没有体现出变量间当期的相关关系，这些当期关系被隐藏在误差项中。为了明确变量间的当期关系，结构 VAR（SVAR）模型是在 VAR 模型基础上，纳入当期变量，全面考虑了各变量间当期与滞后期的相互影响，在一定程度上对 VAR 模型进行了改进。考虑 k 个变量，p 阶结构向量自回归 SVAR（p）模型为：

$$C_0 y_t = \Gamma_1 y_{t-1} + \Gamma_2 y_{t-2} + \cdots + \Gamma_p y_{t-p} + u_t, \quad t = 1, 2, \cdots, T \tag{9-6}$$

其中，

$$
C_0 = \begin{pmatrix} 1 & -c_{12} & \cdots & -c_{1k} \\ -c_{21} & 1 & \cdots & -c_{2k} \\ \vdots & \vdots & \ddots & \vdots \\ -c_{k1} & -c_{k2} & \cdots & 1 \end{pmatrix}, \quad \Gamma_i = \begin{pmatrix} \gamma_{11}^{(i)} & \gamma_{12}^{(i)} & \cdots & \gamma_{1k}^{(i)} \\ \gamma_{21}^{(i)} & \gamma_{22}^{(i)} & \cdots & \gamma_{2k}^{(i)} \\ \vdots & \vdots & \ddots & \vdots \\ \gamma_{k1}^{(i)} & \gamma_{k1}^{(i)} & \cdots & \gamma_{kk}^{(i)} \end{pmatrix}, \quad i = 1, 2, \cdots, p,
$$

$$
u_t = \begin{pmatrix} u_{1t} \\ u_{2t} \\ \vdots \\ u_{kt} \end{pmatrix}
$$

$$(9-7)$$

也可以将式（9-7）写成滞后算子的形式：

$$C(L) y_t = u_t, \quad E(u_t u'_t) = I_k \tag{9-8}$$

其中，$C(L) = C_0 - \Gamma_1 L - \Gamma_2 L^2 - \cdots - \Gamma_p L^P$，$C(L)$ 是滞后算子 L 的 $k \times$

的参数矩阵，$C_0 \neq I_k$。

对于不含外生变量的 VAR（p）模型来说，需要估计的参数个数为：

$$k^2 p + （k + k^2）/2 \tag{9-9}$$

而对于相应的 k 元 p 阶的 SVAR 模型来说，需要估计的参数个数则为：

$$k^2 p + k^2 \tag{9-10}$$

为了得到 SVAR（p）模型唯一的估计参数，则需 SVAR（p）模型的未知参数不少于 VAR（p）的未知参数。因此，需要对 SVAR（p）模型的参数加以限制，否则将出现模型不可识别的问题。对于 k 元 p 阶的 SVAR 模型来说，施加的约束条件个数为式（9-9）和式（9-10）的差，即需施加 k（k-1）/2 个约束条件后才能估计出 SVAR（p）模型的参数。其中，这些约束条件可以是短期或长期的，常见的短期约束是简单的 0 约束排除法，主要有两种方式：一种是通过 Cholesky 分解建立递归形式的短期约束，另一种则是通过设立经济理论假设建立约束。

2. SVAR 模型的检验与估计

为了更加直观地了解增加居民杠杆率对经济发展和非金融企业去杠杆的作用，现在，本书将构建一个包含国内生产总值（LNGDP）、固定资产投资（LN-INV）、居民消费（LNCONS）、非金融企业杠杆率（CD）和居民杠杆率（HD）这 5 个变量的 SVAR 模型。其中，五个变量间的单位冲击（μ_{it}）互不相关。故该 SVAR 模型可以表示为：

$$
\begin{pmatrix}
1 & \gamma_{12}^0 & \cdots & \gamma_{15}^0 \\
\gamma_{21}^0 & 1 & \cdots & \gamma_{25}^0 \\
\vdots & \vdots & \ddots & \vdots \\
\gamma_{51}^0 & \gamma_{52}^0 & \cdots & 1
\end{pmatrix}
\begin{pmatrix}
HD_t \\
LNCONS_t \\
CD_t \\
LNINV_t \\
LNGDP_t
\end{pmatrix}
=
\begin{pmatrix}
\gamma_{11}^1 & \gamma_{12}^1 & \cdots & \gamma_{15}^1 \\
\gamma_{21}^1 & \gamma_{22}^1 & \cdots & \gamma_{25}^1 \\
\vdots & \vdots & \ddots & \vdots \\
\gamma_{51}^1 & \gamma_{52}^1 & \cdots & \gamma_{55}^1
\end{pmatrix}
\begin{pmatrix}
HD_{t-1} \\
LNCONS_{t-1} \\
CD_{t-1} \\
LNINV_{t-1} \\
LNGDP_{t-1}
\end{pmatrix}
+ \cdots +
$$

$$
\begin{pmatrix}
\gamma_{11}^p & \gamma_{12}^p & \cdots & \gamma_{15}^p \\
\gamma_{21}^p & \gamma_{22}^p & \cdots & \gamma_{25}^p \\
\vdots & \vdots & \ddots & \vdots \\
\gamma_{51}^p & \gamma_{52}^p & \cdots & \gamma_{55}^p
\end{pmatrix}
\begin{pmatrix}
HD_{t-p} \\
LNCONS_{t-p} \\
CD_{t-p} \\
LNINV_{t-p} \\
LNGDP_{t-p}
\end{pmatrix}
+
\begin{pmatrix}
b_{11} & 0 & \cdots & 0 \\
0 & b_{22} & \cdots & 0 \\
\vdots & \vdots & \ddots & \vdots \\
0 & 0 & \cdots & b_{55}
\end{pmatrix}
\begin{pmatrix}
\mu_{1t} \\
\mu_{2t} \\
\mu_{3t} \\
\mu_{4t} \\
\mu_{5t}
\end{pmatrix},
\ \mu_t \sim IID（0, I）
$$

$$\tag{9-11}$$

（1）序列平稳性检验。

在门限回归模型的数据平稳性检验中，可知居民消费（LNCONS）、固定资产投资额（LNINV）、生产总值（LNGDP）、居民杠杆率（HD）和非金融企业杠杆率（CD）均为平稳序列，故可直接进行 SVAR 模型滞后阶数的确定。

（2）滞后阶数的确定。

SVAR 模型的估计数值受到滞后阶数的影响，因此要先确定恰当的滞后阶数。目前，可根据 LR、FPE、AIC 等多种判断准则综合考虑最优滞后阶数的选取。在滞后阶数 3 阶内，得到的最优滞后阶数检验结果如表 9 - 3 所示。由表 9 - 3 可知，每种检验方法对应的最优滞后阶数都为 2 阶，则模型设立的滞后阶数为 2 阶。

表 9 - 3　最优滞后阶数检验结果

滞后阶数	LR 值	FPE 值	AIC 值	SC 值	HQ 值
0	NA	9. 04e - 14	- 15. 8425	- 15. 6445	- 15. 7704
1	569. 6776	1. 25e - 19	- 29. 3412	- 28. 1368	- 28. 8922
2	84. 5224 *	3. 31e - 20 *	- 30. 7161 *	- 28. 5079 *	- 29. 8929 *
3	30. 3884	3. 94e - 20	- 30. 6528	- 27. 4410	- 29. 4555

注：* 表示依据该准则下选取的最优滞后阶数。

（3）模型稳定性检验。

在确定好模型的滞后阶数后，还需对模型的稳定性进行检验。稳定的 SVAR（p）指的是某一方程受到某一特定冲击后，该冲击能在一定时间内逐渐消退，即被估计模型的特征根倒数的模都小于 1 时，模型通过检验，检验结果如图 9 - 6 所示。由图 9 - 6 可知，所有特征根倒数的模型均落在单位圆内，模型满足稳定性条件。确保了接下来的脉冲响应与方差分解的有效进行。

（4）Granger 因果关系检验。

在估计 SVAR 模型前，可通过格兰杰（Granger）因果检验对各变量的因果关系进行分析，探讨其他变量对该变量的预测是否有帮助。

由表 9 - 4 可知，在 LNGDP 方程中，其他四个变量滞后联合的 Granger 因果检验概率小于 10%，说明 LNINV、LNCONS、CD 和 HD 的联合作用是 LNGDP 变化的原因。同样，LNINV、CD 和 HD 方程对应的联合概率均小于 10%，说明各自对应的其他四个变量的联合作用均可对其进行解释。在 LNCONS 方程中，虽然联合概率为 0.1165，大于 0.1，LNCONS 不能由 LNGDP、LNINV、CD 和 HD 共同解释，但在表 9 – 5 中，LNCONS 方程对应的 HD 的 Granger 因果检验概率为0.0243，小于 10%，说明 HD 可以解释 LNCONS 的变化。

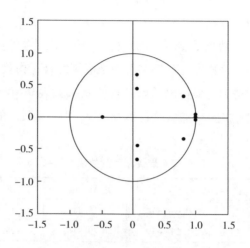

图 9 – 6　矩阵特征根

表 9 – 4　模型 Granger 因果检验

变量	Chi – sq	df	联合概率
LNGDP	35.93171	8	0.0000
LNINV	38.50614	8	0.0000
LNCONS	12.86760	8	0.1165
CD	40.33222	8	0.0000
HD	29.87254	8	0.0002

表 9 – 5　LNCONS 方程的 Granger 因果检验

Excluded	Chi – sq	df	Prob.
LNGDP	0.495756	2	0.7805
LNINV	0.037020	2	0.9817
HD	3.411796	2	0.0243
CD	7.434208	2	0.1816
All	12.86760	8	0.1165

（5）施加约束条件。

为了估计 SVAR 模型，需要对参数施加约束条件，才能识别出结构式冲击，并在此基础上进行脉冲响应分析和方差分解分析。根据上述原理分析，为了使 SVAR（5）模型能够有效识别，还需施加 $k(k-1)/2=10$ 个约束条件。这里采用短期约束中的第二种方式，即对当期各变量间的相互影响设立一定的经济假设：

①由于居民杠杆率主要受当期居民借贷自发影响，因此可以得出 $\gamma_{12}^0=0$，$\gamma_{13}^0=0$，$\gamma_{14}^0=0$，$\gamma_{15}^0=0$；

②由于居民消费受到当期居民借贷的影响，适当的借贷可增加居民可支配收入刺激消费，但过度借贷会导致较大的债务压力，降低消费，因此可以得出 $\gamma_{23}^0=0$，$\gamma_{24}^0=0$，$\gamma_{25}^0=0$；

③当期较高的居民杠杆率和居民消费水平会刺激非金融企业进行资金配置的调整，为了扩大生产而提高杠杆率水平，反之则会缩减开支，所以 $\gamma_{34}^0=0$，$\gamma_{35}^0=0$；

④无论是居民消费还是居民杠杆率的增大都会刺激非金融企业扩大固定投资进行生产，而非金融企业杠杆率也影响着企业固定投资的水平，所以 $\gamma_{45}^0=0$；

施加上述约束后，则有：

$$\begin{pmatrix} 1 & \gamma_{12}^0 & \cdots & \gamma_{15}^0 \\ \gamma_{21}^0 & 1 & \cdots & \gamma_{25}^0 \\ \vdots & \vdots & \ddots & \vdots \\ \gamma_{51}^0 & \gamma_{52}^0 & \cdots & 1 \end{pmatrix} = \begin{pmatrix} 1 & 0 & \cdots & 0 \\ \gamma_{21}^0 & 1 & \cdots & 0 \\ \vdots & \vdots & \ddots & \vdots \\ \gamma_{51}^0 & \gamma_{52}^0 & \cdots & 1 \end{pmatrix} \qquad (9-12)$$

通过估计可得变量当期的约束条件矩阵为：

$$\begin{pmatrix} 1 & 0 & \cdots & 0 \\ \gamma_{21}^0 & 1 & \cdots & 0 \\ \vdots & \vdots & \ddots & \vdots \\ \gamma_{51}^0 & \gamma_{52}^0 & \cdots & 1 \end{pmatrix} = \begin{pmatrix} 1 & 0 & 0 & 0 & 0 \\ -0.9173 & 1 & 0 & 0 & 0 \\ -1.9894 & 0.0682 & 1 & 0 & 0 \\ 2.9011 & -0.0274 & -0.5952 & 1 & 0 \\ -0.5521 & -0.0306 & 0.2353 & -0.0162 & 1 \end{pmatrix}$$

$$(9-13)$$

3. 脉冲响应分析与方差分解

（1）脉冲响应分析。

脉冲响应（Impulse Response Function，IRF）指的是当某个干扰对模型产生冲击后，对系统内各个变量当前和将来的影响。图9-7～图9-10反映了各变量对居民杠杆率（HD）冲击的响应函数；图9-11～图9-12则反映消费、投资两大动力对生产总值 GDP 的影响。其中，横轴表示各个冲击作用的滞后期数（单位：季度），纵轴表示各变量对冲击的响应程度；实线表示脉冲响应函数，虚线代表正负两倍标准差的偏离带。

图9-7表明，在受到一个标准单位的居民杠杆率冲击后，国内生产总值 GDP 的正向响应逐渐增加，并在第6期左右达到最大值后，有逐渐下降的趋势。整体而言，一定时间内，居民杠杆率正向冲击对生产总值 GDP 增长有促进作用，但随后生产总值 GDP 会逐渐回落。图9-8表明，非金融企业杠杆率在受到居民杠杆率的正向冲击后，虽在当期有正向响应，但之后逐渐减弱，并在第4期左右响应降为负值，在第8期达到最小后逐渐稳定。总的来看，居民杠杆率的正向冲击，能使非金融企业杠杆率出现较明显的下降。

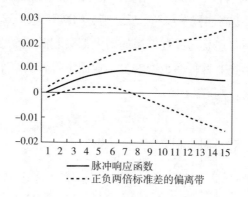

图9-7　LNGDP 对 HD 冲击的响应函数

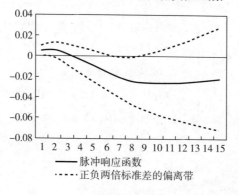

图9-8　CD 对 HD 冲击的响应函数

图 9 - 9 表明，对于一个标准单位的居民杠杆率冲击，居民消费当期响应为正，但随即减小，并在第 4 期后降为负值且逐渐稳定，整体而言，居民杠杆率正向冲击虽然在短期内会增大居民消费支出，但随后消费支出逐渐减少。图 9 - 10 表明，固定资产投资额在受到居民杠杆率正向冲击后，当期即出现负响应，虽在后两期有逐渐回升的趋势，但仍处于负值，且随后出现较明显的下降趋势。总的来说，企业的固定资产投资对居民杠杆率的正向冲击有较大的负响应。

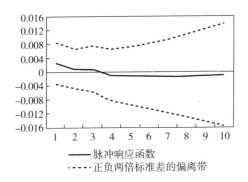

图 9 - 9　LNCONS 对 HD 冲击的响应函数

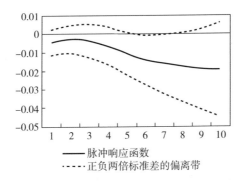

图 9 - 10　LNINV 对 HD 冲击的响应函数

图 9 - 11 表明，对于一个标准单位的居民消费正向冲击，国内生产总值 GDP 在前 5 期，会有较轻微的负响应，但随后会以较明显的态势逐渐增长，整体而言，居民消费对经济增长仍有促进作用。图 9 - 12 表明，国内生产总值 GDP 受到固定资产投资正向冲击后，会有一个正响应，且在第 3 期达到最大值后逐渐下

降，总体而言，固定资产投资能够促进经济增长。

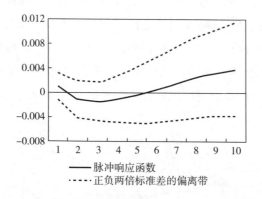

脉冲响应函数
正负两倍标准差的偏离带

图 9 – 11　LNGDP 对 LNCONS 冲击的响应函数

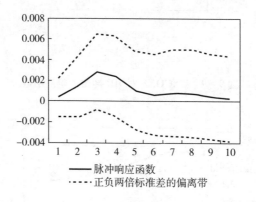

脉冲响应函数
正负两倍标准差的偏离带

图 9 – 12　LNGDP 对 LNINV 冲击的响应函数

（2）方差分解。

为了进一步分析每个结构冲击对生产总值变化（通常用方差来度量）的重要性程度，通过对 LNGDP 的预测误差进行方差分解，分析各个内生变量冲击对生产总量变动的贡献率。LNGDP 的方差分解结果如表 9 – 6 所示。

由表 9 – 6 可知，滞后 7 期后各变量对生产总值波动的贡献程度基本稳定。居民杠杆率冲击在滞后 1 期时对 GDP 变动的贡献仅 13.07%，但随后快速增长，最后对 GDP 变动的解释力度高达 54.40%。而另一个主要变量则是生产总值 GDP 自身，可以看出在前 5 期，GDP 变动受自身冲击影响达一半以上，最高达到

76.84%。另外，非金融企业杠杆率冲击虽在滞后 1 期时对 GDP 变动的贡献达
24.70%，但随后快速下降，最后仅稳定在 3.51% 左右。而被视为两大经济增长
动力的消费、投资，其冲击对 GDP 变动的贡献率最高也仅分别为 4.33%
和 6.08%。

表 9 - 6　生产总值 GDP 的方差分解结果

滞后阶数	HD	LNCONS	CD	LNINV	LNGDP
1	0.1307	1.6027	24.6972	0.2173	73.3522
2	6.3896	1.9766	12.8825	1.9066	76.8447
3	17.5213	2.6242	8.1880	5.7113	65.9552
4	28.2745	2.2780	5.6222	6.0846	57.7408
5	37.3779	1.6870	4.3310	4.6323	51.9719
6	44.3272	1.3043	3.8138	3.5948	46.9598
7	49.1333	1.4106	3.5971	3.0169	42.8421
8	52.0393	2.0803	3.5229	2.6302	39.7273
9	53.6258	3.1204	3.5182	2.3207	37.4149
10	54.4020	4.3312	3.5077	2.0919	35.6672

从居民杠杆率和非金融企业杠杆率的贡献率可以看出，如今对经济增长的推
动，已逐渐从非金融企业部门向居民部门转移，居民部门能更有效地对经济产生
影响。但需要注意的是，合适的居民杠杆率能够有效地促进经济增长，不合适的
居民杠杆率也会对经济产生同样大的减缓作用。

4. 结论

此部分结合了脉冲响应图，统筹分析了居民杠杆率、非金融企业杠杆率、居
民消费、固定资产投资和国内生产总值各变量间的相互作用，围绕以下几个方面
讨论居民部门是否可以加杠杆：①居民部门加杠杆是否有助于促进居民消费及固
定资产投资；②居民部门加杠杆是否有助于非金融企业部门降杠杆，从而有效实
现结构性去杠杆；③居民部门加杠杆是否有利于经济增长，为非金融企业去杠杆
提供有利环境。

（1）居民部门加杠杆对居民消费的影响。

虽然通过借贷增加可支配收入，一直被认为是促进居民消费的有效手段。但

如图 9 – 9 所示，当居民杠杆率受到一个正向冲击时，居民消费有一同向响应，可随后消费支出规模并没有持续扩张，反而逐渐缩减为负。事实上，这一响应与近年来社会消费品零售总额增速不断下滑的现象正好吻合。2011 ~ 2017 年居民杠杆率由 27.7% 上升至 48.4%，而消费品零售总额累计增长率反而由 19.9% 降为 9.4%。虽然短期内居民部门可通过借贷放松消费的预算约束，居民消费能有一定的增加，但从前述的理论分析可知，由于房地产市场的火热，居民加杠杆更多的是刺激了房产在资产配置中的比重，大量投机性资金涌入房地产和股市，抑制了非住宅类消费。并且，当短期债务积累过多，居民负债压力过大时，人们越发没钱消费，挤出效应大于财富效应，此时居民债务对消费的挤出会越发明显。

从债务/GDP =（债务/投资）×（投资/GDP）可知，杠杆率与投资率成正比，又由三部门经济中国民收入恒等式 S = I + NX 可知，储蓄率与投资率密切相关。若一国储蓄率越高，则该国杠杆率也可能越高。由图 9 – 9 可知，长期来看，居民部门加杠杆冲击使得消费率日益下降，相应地，储蓄率和投资率上升，这并不利于总杠杆率的降低。

（2）居民部门加杠杆对非金融企业的影响。

如图 9 – 8 所示，短期内，居民杠杆率的正向冲击会使非金融企业杠杆率有正向冲击。短期内，当增加居民杠杆率时，居民消费需求增加，能拉动企业进一步生产盈利，企业增加杠杆扩大生产。随着盈利能力的增强，企业还债能力增强，杠杆率逐渐下降。但长期来看，当债务压力受到流动性约束的家庭比例逐渐增大时，居民消费需求降低，企业销售业绩不断下滑，企业不得不主动降低生产投入，减少支出，被迫去杠杆。事实上，这也部分解释了图 9 – 9 中，居民消费在受到居民杠杆率冲击后，出现长期负响应的现象，因为当企业部门经营不善时，工资的降低、失业率的上升都加大了居民的偿付难度，这必然进一步降低总需求。在居民需求降低、企业缩减生产的负反馈循环下，经济增长缺乏动力，非金融企业部门被动去杠杆。

但值得注意的是，在图 9 – 8 中的第 10 期后，非金融企业杠杆率出现了回升的态势，这有可能是随着企业经营能力的下降，其负债能力越发减弱，导致的增加借贷维持经营所造成的。

（3）居民部门加杠杆对固定资产投资的影响。

由图 9 – 10 可以看出，固定资产投资在受到居民杠杆率正向冲击后是负响应，虽然短期内出现回升现象，但很快负响应继续加强，固定资产投资继续回落。实际上，图 9 - 10 中固定资产投资短期内的回升可以结合上述有关消费和非金融企业杠杆率分析进行解释：当居民杠杆率增加时，居民消费能力提升，并且扩大房地产投资，非金融企业增加投资扩大生产；但后来随着居民杠杆率的增加，债务负担增大，消费等总需求的下降使得非金融企业不得不缩减投资降低生产，则出现了图中固定资产投资回落的现象。也就是说，一旦过热的房地产泡沫开始破裂，地价房价的下跌就会使非金融企业固定投资剧减。

（4）居民部门加杠杆对经济增长的影响。

通常而言，去杠杆时无论是社会融资规模的下降还是投资水平的降低都会对实体经济造成不利冲击，而通过加杠杆扩大信贷支持能够刺激投入产出、增加需求，这也是寄希望于居民部门加杠杆来缓解非金融企业部门去杠杆对经济增长造成下行压力的原因。但由上述分析可知，作为拉动经济增长的"两驾马车"——消费和投资，当受到居民杠杆率正向冲击后，虽然短期内居民消费为正响应，但长期来看两者都呈现负响应状态。结合图 9 - 7 分析，国内生产总值在受到一单位居民杠杆率正向冲击后，短期内虽有所增加，但在一段时间后呈现回落，可以发现消费、固定资产投资受到居民加杠杆冲击后的下降，都使得经济增长动力不足。所以即使增加居民杠杆率短期内能促进经济增长，但促进作用并不长久，经济发展最终会回落甚至可能低于最初水平，因此增加居民杠杆率并不能为非金融企业去杠杆提供较有利的环境。

综上所述，虽然增加居民杠杆率短期内能够刺激居民扩大消费，并促进经济增长，但长期而言，较高的杠杆率水平会抑制居民消费支出。相应地，企业不得不缩减开支降低生产投入，虽然非金融企业部门杠杆率出现了下降，但这是由于总需求降低、经济发展缺乏动力所造成的，并非"好的去杠杆"，而且经济发展受到抑制也增加了企业生产经营的难度。因此，长期来看，居民部门加杠杆并不利于经济发展，也不利于非金融企业部门去杠杆。

第十章　结论与对策建议

一、结论

伴随着家庭收入的上升和投资意识的不断强化，家庭资产配置和资产替代已经成为影响经济运行的一个重要变量，研究家庭的资产配置和资产替代能够为解释经济波动和实施宏观调控提供坚实的微观基础。国内外学者对家庭资产配置的研究大多从微观的角度进行，研究经济状况和人口特征对资产配置的影响，本书探讨家庭资产配置、资产替代与宏观经济运行状况的相互作用机制，从宏观的角度分析家庭资产配置的负效应、家庭资产配置的成因。伴随中国渐进式经济发展的金融约束政策对家庭资产配置的影响至关重要——通过动员家庭储蓄支持经济建设，传统的家庭储蓄就是银行存款，进一步的发展便是分配到证券市场的家庭资产。由于证券市场具有很强的金融支持的功能，股市为上市公司"输血"影响了证券投资者的保护水平，投资到证券市场中的资产得不到合理的收益率从而数量下降，最终中国家庭的资产配置呈现出"两高一低"的特征。本书运用理论分析和实证检验的方法，得出以下结论：

1. 四大显著特征

中国家庭资产配置呈现出四大显著特征：储蓄存款比重高（M2/GDP 比例高）、房产比重高、风险资产占比较低和理财产品的日新月异。

在家庭资产配置的中外比较中可以看到，中国的房产从始至终占据着家庭资产的第一大份额。发达国家的家庭资产呈现出金融化、风险化和中介化的特征，中国的家庭资产呈现出储蓄存款比重高（M2/GDP 比例高）、房产比重高、风险资产占比较低和理财产品的日新月异四大特征。

2. 家庭资产配置具有宏观经济负效应

（1）银行储蓄高企的宏观经济负效应。

家庭资产大量的囤积在以国有银行为代表的银行体系，使得银行部门能够肩负起为"体制内"经济体输血的重担，然而这一角色有悖于市场化要求，使得沉淀最多储蓄存款的国有银行运行低效且风险囤积。储蓄存款通过银行体系以贷款的名义投入"体制内"经济体，使得获得最多贷款支持的国有企业融资效率低下。

（2）房产占比大的宏观经济负效应。

长期的负利率不断推高房地产价格，同时刺激了家庭对房地产的过旺需求，逐渐形成家庭资产配置结构中高房产比例的现象和房地产市场上的泡沫；房地产行业对银行信贷的依赖性强，房价泡沫的破灭可能加大银行业的风险；家庭对房产的过度需求挤占了其他消费，使得消费品市场萎靡不振，中国扩大消费受阻。

（3）风险性金融资产占比较低的宏观经济负效益。

对股票等风险性金融产品的拥有本该是家庭进行投资、增加财富的有效渠道，可"阴晴不定"的股票市场反而成为吞噬家庭财富的巨大黑洞，股市资源配置的能力丧失，由于缺乏吐纳流动性的资产池而使得热钱进出国门的时候经济受到冲击。

3. 互联网金融增加了家庭对风险性金融资产的持有

互联网金融主要服务被传统金融业忽视的尾部客户，具有普惠金融的属性，为家庭部门提供低成本了解金融知识的平台、细分金融产品市场降低投资门槛。互联网金融的发展改变了家庭金融资产持有的结构，降低无风险资产，增加股票、理财产品等风险性金融资产。

4. 金融约束政策影响家庭的资产配置

金融约束政策的核心观点在于政府通过控制实际利率、市场准入限制、限制竞争等一系列管制性政策创造租金，为国有经济部门提供资金支持与隐形的金融补贴。金融约束政策对家庭资产配置的影响分为价格型政策和数量型政策。价格型政策导致低利率：低利率引起房价不断上涨，家庭投资偏好增强；低利率导致股票发行定价偏高，家庭的购买成本上升；低利率降低了配股的门槛，使得证券市场无法为家庭投资筛选出优质的企业；低利率不利于上市公司业绩的改善，从而家庭投资股票成为一种短期行为；低利率促使居民储蓄存款从银行蜂拥至理财产品市场。数量型政策主要指股权分置制度和股改中的对价补偿过低，造成大小非减持后股市价值中枢下移，流通股股东损失，以及新老划断后的大小限，最终损害了家庭对证券市场的投资热情。

在金融约束的框架下，中国家庭资产配置表现出高房产、低风险资产和理财产品的日新月异的结构。

5. 资产超额收益率与资产配置结构调整（即资产替代）之间具有互动关系

将商品房销售价格的同比增速作为房地产收益率的代理变量，将深圳综合指数的同比增速作为股票收益率的代理变量，房地产收益率和股票收益率分别减去30天同业拆借利率即为两个市场的超额收益率。M1同比增速/M2同比增速作为资产替代的代理变量。因为房地产和股票的收益率存在时变的特征，所以采用TVP－VAR方法得出结论，房地产超额收益率冲击和股票超额收益率冲击会影响资产替代，股市的繁荣促进资产替代的活跃，房地产的繁荣反而会减弱资产替代。家庭购置房产更多的是满足居住的需要和资产保值的需要，通过房产投资获取巨大财富的家庭毕竟是少数，因此，房价的上涨很大程度上约束了家庭的财务自由，使得家庭将在较长的时间内只能维持低水平生活。投资股市的家庭对家庭的资产安排有更多的想法，因此对其他资产品种的需求也较旺盛。

6. 资产超额收益率会影响资产配置中储蓄存款的占比

房地产的持续高额收益强化了家庭储蓄的动机，禁锢了消费，约束了其他的投资行为。股票收益的上升最初会由于货币化进程而导致资产配置中储蓄存款占比的上升，可是随着时间的推移，股票市场持续的高收益会替代家庭资产配置中的储蓄存款，这种现象在资本市场健康、繁荣的时期表现得更加明显。

资产配置结构是资产替代的结果，在两组实证结论中，两者表现出统一性：大力发展资本市场可以降低家庭资产配置中储蓄存款的占比，并鼓励形成多样化的资产配置结构；有效控制房地产市场也可以降低储蓄存款占比，解放家庭的财务约束，为其他消费行为做准备。

7. 家庭资产配置的变动能够反映经济中资产收益率的轮动

通过对家庭资产配置的观测，合理调控资产的收益率结构。家庭在不同资产中分配财富是为了实现家庭效用的最大化，因此，资产的超额收益率必然预示着家庭资产配置的方向，通过对家庭资产配置的观测，能够捕捉到金融市场中资产收益率结构，从而建立资产收益率结构失衡的预警机制，为宏观调控提供坚实可靠的微观依据。

8. 家庭债务影响宏观经济增长

家庭债务与经济增长之间的关系存在阈值,当居民杠杆率小于阈值的时候,杠杆率增加会拉动经济增长,反之则减缓经济的增长。经测算,中国居民杠杆率的阈值为 0.31,在 2013 年的时候已经达到这一水平。

家庭债务冲击短期能够起到促进消费,增加投资的效果。长期来说,中国家庭的债务主要是中长期消费贷,占比过半,并且中长期消费贷又主要对应着房贷。随着城镇化步入中后期,全国各地严控房地产的政策接二连三出台,继续加杠杆布局房地产不是一个明智的选择;此外,债务的增加对家庭消费存在"财富效应"和"挤出效应",经测算,当前情况下,"挤出效应"大于"财富效应"。过高的债务压力给具有更高弹性需求的发展型消费和享受型消费带来冲击,不利于消费升级、经济结构转型和经济健康发展。如今,对经济增长的推动,已逐渐从非金融企业部门向居民部门转移,居民部门能更有效地对经济产生影响。居民消费的下降引起企业缩减开支降低生产投入,虽然非金融企业杠杆率出现下降,但这是由于总需求降低、经济发展缺乏动力所造成的,并非"好的去杠杆",而且经济发展受到抑制也增加了企业生产经营的难度。因此,长期来看家庭债务冲击不利于经济发展,也不利于非金融企业去杠杆。

二、优化家庭资产配置的路径选择

(一) 金融约束政策的逐渐淡出

金融约束政策在中国的转轨时期为促进金融体系的稳定、加快经济建设等方面做出了突出的贡献。伴随着中国加入世贸组织以及国内金融市场的快速开放,金融约束政策已经失去了其存在的宏微观环境(王国松,2001)。第一,逐步放弃利率管制。分阶段逐步扩大存款利率上浮的空间,当存贷款利率都由市场决定的时候,存款利率将接近贷款利率,从而影响银行的信贷经营行为和信贷结构,形成市场倒逼,为利率市场化创造更有利的条件。第二,改革新股发行制度。数量型金融约束政策的作用在于营造一个短暂的非全流通的格局,使得新股能够以较高的价格发行，当"大小非"变现或者"大小限"解禁的时候，原先低价发行的股票就实现了租金。"大小限"的危害比"大小非"还要严重，原因是行为金融学的架构独立理论——不固定的坏预期总是坏于固定的坏预期，层出不穷的大小限已经成为影响中国股市正常运行的不稳定因素之一。针对"大小限"问题可以采用缩短限售期、增加首发流通股比例、改善询价制度、限定大小限的每年减持数量等做法。第三，规范上市公司的再融资行为。提高上市公司的再融资标准，让股市不再成为上市公司的提款机，建立资本市场长期投资的理念。

（二）提高家庭的可支配收入

一是出台提高基本工资标准等政策，提高工薪阶层和离退休人员的收入。在企业中严格执行最低工资标准，彻底解决拖欠职工工资的情况，建立职工收入正常增长机制，提高居民的收入预期。二是采取各种途径扩大就业，降低失业率。比如，大力发展劳动密集型产业以解决城镇失业问题、采取灵活多样的就业形式、加强和完善政府加大教育和职业培训的投入以适应就业单位的需要等。三是减轻中低收入者的税负和增加转移支付。这要求适度提高工薪收入和劳动收入所得税起征点，从而为普通劳动者劳动收入的增长提供宽松的税收条件。同时，提高高收入群体所得税征收税率，以发挥税收在调节收入分配不均方面的作用，政府通过税收和转移支付发挥缩小收入差距的功能。此外，还应提高城镇最低生活保障人员的低保标准，加强对低收入阶层的职业技能培训和教育。总之，只有建立在收入水平较高、家庭财富较为富足的基础上，家庭金融资产选择行为才会发生根本性的改变，才能减少金融财产性收入的差距，最终减少社会贫富差距。

（三）努力降低家庭支出不确定性预期

一是加快完善的社会保障制度。要调整财政支出方向，加大财政对社会保障制度建设的支持力度，形成"财政主导、全民参与、全民享有"的社会保障体系，降低家庭对未来支出不确定性的预期。二是应切实提高社会保障力度，扩充社会保险规模。把社会保障基金的缴纳、使用、发放纳入法制化轨道，加强对社会保障基金管理和使用情况的监督约束，减轻家庭居民收支不确定的预期。

中国的企业年金采取确定缴费计划，给付水平最终受制于基金的规模和投资收入。可见，这种制度的良好运行有赖于基金的运营和保值增值，其给付保障的适度性最终取决于金融市场条件和基金投资绩效。因此，为实现中国企业年金市场的可持续发展，可借鉴美国养老金的发展模式，即共同基金是养老金，特别是以个人养老金账户、确定缴费计划等为代表的私人养老金资产管理业务的主流投资产品。同时，养老基金也相应地成为共同基金的重要资金来源，使养老金市场与共同基金形成了相互依赖、相互促进的良性关系。中国以养老第一支柱"基本养老保险"为主，占比为59.9%，应大力发展第二、第三支柱，即企业个人共同缴费的职业养老金计划和个人养老储蓄计划。发展包括共同基金在内的金融市场，形成企业年金的资产管理业务与金融市场相互促进的良性关系。

（四）逐步推进养老税收优惠的建设

2016年1月，个税优惠健康险进入实质运营阶段。2016年健康险产品规模相比2015年增长67.7%。2018年3月，党的十九大报告中明确强调要构建养老政策体系和社会环境，并提出了加快个人税收递延型商业养老保险的试点。2018年4月11日，财政部、国税总局、人保部、银保监会和证监会五部委联合发文《关于开展个人税收递延型商业养老保险试点的通知》，标志着中国版养老税收优惠政策试点正式敲定，并于5月1日起在上海、江苏（仅苏州工业园）、福建（含厦门市）三省市率先试点。

（五）发展债券市场，开发能抵御通货膨胀的低风险资产

在债券市场方面，进一步优化债券市场的结构，加快企业债市场的发展步伐。应积极推动地方政府债券的发行，扩大国债规模，优化国债内部结构，促进倾向于投资低风险资产的家庭对低风险产品的需求。

对于短期投资者来说，国库券和其他货币市场工具具有低风险资产的属性，但是对于长期投资者来说则不同。长期投资者必须以不确定的未来真实利率来考察国库券和其他货币市场工具。长期投资者的安全资产应该是长期通货膨胀指数化债券。这种资产能够在长期内提供一个稳定的真实收入流，从而可以支持一个稳定的消费流。

（六）壮大机构投资者

理论分析表明，中国机构投资者在促进家庭间接参与股市的作用有限，因此，必须大力发展机构投资者，继续支持社保基金、保险资金、企业金以及合格境外机构投资者等长期资金以多种方式投资资本市场，形成多元化的合格机构投

资者结构，拓宽家庭投资渠道。家庭因为市场存在参与成本等摩擦因素而选择不进入股市或者投资股票比例较低，那么，这时可以借助社保基金、企业年金和保险资金等机构投资者间接参与资本市场。这不仅能丰富基金的产品供给，还有利于机构投资者结构的改善，从而能够降低投资者参与成本并提供具有平稳收益分布的金融产品，促进家庭投资者参与股市。

（七）严格控制房价，避免将过多的家庭资产禁锢在房地产市场

中国的家庭资产过多地配置在房地产市场，严重制约了家庭的消费。维持房价平稳，大力发展一二线城市住房租赁市场，满足大城市居民住房需求及改善型住房需求，加快三四线住房的出清。防范居民通过短期消费贷、信用卡等违规方式进入房地产市场，制定更为严格的资质评估和贷款审批制度。规范房地产市场管理，遏制投资性炒房，合理引导家庭的住房消费观念。

三、进一步研究的方向

家庭金融是近些年兴起的，现已成为与资产定价、公司金融等传统金融研究方向并立的一个新的独立研究方向。家庭资产配置问题是家庭金融学中一个基础性问题，它关乎民生，与百姓生活息息相关；它连着国家经济，既受宏观政策的控制，又影响宏观经济。对家庭资产配置问题的研究涉及经济领域的方方面面，远不只本书所看到的这些。随着经济金融的不断发展，家庭资产配置必将产生出许多新的议题，因此，对其进行长久的研究是很有价值的。由于笔者的时间、精力、理论水平和科研技术所限，有许多问题没有能够得到很好的解决，将留作未来的研究。

（一）文中所采用的家庭资产配置的数据陈旧

在与国外的家庭资产配置状况进行比较的过程中，笔者所搜集到的数据较为陈旧。国外的家庭金融数据库已经相当完善，然而笔者获取信息的方法有限，没能获得各个国家最新的数据用来进行比较研究。国内的家庭金融数据库较为落后，2012年5月13日，由西南财经大学和中国人民银行总行金融研究所联合成

立的中国家庭金融调查与研究中心制作完成的首份《中国家庭金融调查报告》在北京发布。2011 年 12 月 9 日，由花旗银行（中国）与清华大学中国金融研究中心共同发布了《2011 中国消费金融调研报告》，此项调查从 2008 年开始，此份报告为第三次调查的成果。2009 年 5 月，北京大学国家发展研究院最新发布了一组有关中国家庭的健康与养老追踪调查数据（CHARLS）。中国人民银行从 1992 年开始发布资金流量金融表中有关住户部门的流量金融资产年度数据。此外，一些地区曾经进行过家庭金融资产的问卷调查，如河北省、青海省等。这些调查由不同机构组织，因此，对资产的统计口径不同，计算方法也存在差异。如果取同一机构的调查结果，由于开展的调查次数有限，也没有一个连贯的数据，且最新的数据许多调查机构还不能对外公布。相信，随着国内对家庭金融问题研究的不断深入，在数据的获取上必将有一个更加便捷的渠道，使丰富的数据资源能够为理论研究提供坚实的基础。

（二）　有关家庭资产配置的模型有待改进

本书引用家庭的效用函数来考察家庭收支、低风险资产、风险资产和金融约束政策对资产配置结构的影响。模型没有区分出短期模型和长期模型的差异，也没有考虑家庭遗产、子女抚养和老人赡养的问题，"传宗接代、养儿防老"在中国的根深蒂固使得大家庭在经济活动中的作用远远大于个人的作用。因此，以家庭为单位进行建模是未来要研究的方向。

（三）　没有考虑人力资本方面的投资

人力资本投资包括对健康的投资和对教育的投资两方面，是资产配置的重要组成部分。然而，这方面的数据需要微观数据库的支持或者抽样调查的结果，囿于难以获得性，所以本书的研究范围仅限定在金融和实物资产方面。

（四）　市场利率的计算有待改进

有关资产超额收益率与资产替代之间相互关系的实证研究中，资产超额收益率的计算采用资产日收益率减去 30 天同业拆借利率得到。30 天同业拆借利率并不是严格意义上的市场利率，在中国的转轨经济中，真正的市场利率应该是剔除金融约束影响的利率，因此，未来的研究应当将该因素考虑在内，使得最终的超额收益率计算更加精确。

（五）未将行为金融学的思想引入家庭资产配置

行为金融理论是家庭金融学当前的前沿课题，该理论对于一些与传统金融不符的现象进行解释，取得了一定的效果。但由于笔者时间与研究经验的限制，并没有将行为金融学的思想引入本书的研究中来，在一定程度上对研究的深度、精确度造成影响。因此，今后的研究会将行为金融学的思想引入家庭资产配置中来，并以此深化。

（六）没有对家庭资产配置的变化进行动态模拟

由于笔者理论功底与研究能力的约束，在本书的研究中，没有对家庭资产的变化进行动态模拟，影响了本书研究的前瞻性，因此，在实证中引入对家庭资产配置变化的动态模拟也是未来的研究方向之一。

参考文献

[1] Abdul A. , Detragiache E. , Tressel T. A New Database of Financial Reforms [R] . IMF Working Paper, 2008 (266) .

[2] Abel A. B. Asset Prices under Habit Formation and Catching Up with the Joneses [J] . American Economic Review Papers and Proceedings, 1990 (80) : 38 – 42.

[3] Agnew J. , Balduzzi P. , Sunden A. Portfolio Choice and Trading in a Large 401 (k) Plan [J] . American Economic Review, 2003 (93) : 193 – 215.

[4] Alan S. Portfolio Choice and Stock Market Participation Cost over the Life Cycle: Evidence from the PSID [R] . York Univ. of Canada Working Paper, 2003 (9) .

[5] Albuquerque R. , Bauer G. , Schneider M. International Equity Flows and Returns: A Quantitative Equilibrium Approach [J] . Review of Economic Studies, 2007 (74) : 1 – 30.

[6] Alm J. , James R. , Follain, Jr. Alternative Mortgage Instruments, the Tilt Problem, and Consumer Welfare [J] . Journal of Financial and Quantitative Analysis, 1984 (19) : 113 – 126.

[7] Archer W. R. , Ling D. C. , McGill G. A. The Effect of Income and Collateral Constraints on Residential Mortgage Terminations [J] . Regional Science and Urban Economics, 1996 (26) : 235 – 261.

[8] Ariyapruchya K. , W. Sinswat and N. Chutchotitham. The Wealth and Debt of Thai Households: Risk Management and Financial Access [R] . Bank of Thailand Symposium Working Paper, 2007 (10) .

[9] Kennickell A. B. Try, Try Again: Response and Nonresponse in the 2009 SCF Panel [R] . Joint Statistical Meetings, 2010.

[10] Babeau A. and T. Sbano. Households Wealth in the National Accounts of Europe, the United States and Japan [R] . Statistics Directorate Working Paper, OECD, 2003.

[11] Baker S. Debt and the Consumption Response to Household Income Shocks [J] . Quarterly Journal of Economics, 2015 (4): 11 – 21.

[12] Barber B. M. and T. Odean. Boys Will Be Boys: Gender, Overconfidence, and Common Stock Investment [J] . Quarterly Economic Review, 2001 (116): 261 – 292.

[13] Barber, Brad M. and Terrance Odean. Trading is Hazardous to Your Wealth: The Common Stock Investment Performance of Individual Investors [J] . Journal of Finance, 2000 (55): 773 – 806.

[14] Barber, Brad M. and Terrance Odean. Boys will be Boys: Gender, over Confidence, and Common Stock Investment [J] . Quarterly Journal of Economics, 2001 (116): 261 – 292.

[15] Basnet H. C. , Donou – adonsou F. Internet, Consumer Spending, and Credit Card Balance: Evidence From Us Consumers [J] . Review of Financial Economics, 2016 (30): 11 – 22.

[16] Becker S. and R. Levine. Stock Markets, Banks and Growth: Panel Evidence [J] . Jounal of Banking and Finance, 2004 (28): 423 – 442.

[17] Benito A. , J. Thompson, M. Waldron and R. Wood. House Prices and Consumer Spending [R] . Bank of England Quarterly Bulletin, 2006 (46): 142 – 154.

[18] Bennett, Paul, Richard Peach and Stavros Peristiani. Structural Change in the Mortgage Market and The Propensity to Refinance [J] . Journal of Money, Credit, and Banking, 2001 (33): 955 – 975.

[19] Benzoni, Luca, Pierre Collin – Dufresne, and Robert S. Goldstein [J] . Portfolio Choice over the Life – cycle in the Presence of "Trickle Down" Labor Income [R] . NBER Working Paper, 2005 (1124) .

[20] Ben Hmiden O. , Ben Cheikh N. Debt – threshold Effect in Sovereign Credit

Ratings: New Evidence from Nonlinear Panel Smooth Transition Models [J]. Finance Research Letters, 2016 (19): 273 – 278.

[21] Bergstresser, Daniel and James Poterba. Asset Allocation and Asset Location: Household Evidence From the Survey of Consumer Finances [J]. Journal of Public Economics, 2004 (88): 1893 – 1915.

[22] Bernheim B. G. and D. M. Garrett. The Effects of Financial Education in the Work Place: Evidence from a Survey of Households [J]. Journal of Public Economics, 2003 (87): 1487 – 1519.

[23] Bertaut C. C. Stockholding Behavior of U. S. Households: Evidence from the 1983 – 1989 Survey of Consumer Finances [J]. Review of Economics and Statistics, 1998 (2): 263 – 275.

[24] Borio C. and P. Lowe. Asset Prices, Financial and Monetary Stability: Exploring the Nexus [R]. BIS Working Papers, 2002 (114).

[25] Borio C. E. Kharroubi, C. Upper F. Zampolli. Labour Reallocation and Productivity Dynamics: Financial Causes, Real Consequences [R]. BIS Working Paper, 2016 (534).

[26] Broner, Fernando, Gadston Gelos, and Carmen Reinhart. When in Peril, Retrench: Testing the Portfolio Channel of Contagion [J]. Journal of International Economics, 2006 (69): 203 – 230.

[27] Bucks, Brian K., Arthur B. Kennickell, Traci L. Mach and Kevin B. Moore. Changes in U. S. Family Finances from 2004 to 2007: Evidence from the Survey of Consumer Finances [R]. Federal Reserve Bulletin, 2009 (95): A1 – A55.

[28] Calvet, Laurent, JohnY. Campbell and Paolosodini. Down or Out: Assessing the Welfare Costs of Household Investment Mistakes [R]. NBER Working Paper, 2006 (12030).

[29] Calvet, Laurent, John, Campbell and Paolo sodini. Fight of Flight? Portfolio Rebalancing by Individual Investors [J]. Quarterly Journal of Economics, 2009 (6): 73 – 92.

[30] Campbell John Y. Understanding Risk and Return [J]. The Journal of Political Economy, 1996 (104): 298 – 345.

[31] Campbell, John Y. , Joao F. Cocco. Household Risk Management and Optimal Mortgage Choice [J] . Quarterly Journal of Economics, 2003 (118): 1449 – 1494.

[32] Campbell, John Y. Household Finance [J] . Journal of Finance, 2006 (61): 1553 – 1604.

[33] Canner N. , N. G. Manklw, D. N. Weil. An Asset Allocation Puzzle [J] . Ameriean Economic Review, 1997 (87): 181 – 191.

[34] Cecchetti S. G. , H. Genberg J. Lipsky and S. B. Wadhwani. Asset Prices and Central Bank Policy [R] . Geneva Reports on the World Economy, 2000 (2) .

[35] Cecchetti S. , E. Kharroubi, Why Does Financial Sector Growth Crowd Out Real Economic Growth? [R] . BIS Working Paper, 2015 (490) .

[36] Chandra Thapa and Sunil S. Poshakwale. Investor Protection and Foreign Equity Portfolio Investments [R] . Working Paper, 2008 (1326835) .

[37] Chan, Kalok, Vicentiu Covrig, and Lilian Ng. What Determines the Domestic Bias and Foreign Bias? Evidence from Equity Mutual Fund Allocations Worldwide [J] . Journal of Finance, 2005, 60 (3): 1495 – 1534.

[38] Charles Goodhart, Boris Hofmann. House Prices, Money, Credit and the Macro Economy [R] . European Central Bank Working Paper, 2008 (888) .

[39] Chudik A. K. Mohaddes, M. Pesaran, M. Raissi. Is There a Debt – threshold Effect on Output Growth? [J] . Review of Economics and Statistics, 2018, forthcoming.

[40] Cocco, Joao F. Portfolio Choice in the Presence of Housing [J] . Review of Financial Studies, 2005 (18): 535 – 567.

[41] Cocco, Joao F. , Francisco J. Gomes, Pascal J. Maenhout. Consumption and Portfolio Choice over the Life Cycle [J] . Review of Financial Studies, 2005 (18): 491 – 533.

[42] Cocco J. , Gomes F. , Maenhout P. Consumption and Portfolio Choice over the Life Cycle [R] . Harvard University Working Paper, 1998.

[43] Cocco J. , Gomes F. , Maenhout P. Consumption and Portfolio Choice over the Life Cycle [J] . Review of Financial Studies, 2005 (18): 491 – 533.

[44] Cocco J. F. Portfolio Choice in the Presence of Housing [J] . Review of Fi-

nancial Studies, 2005 (18): 535 – 567.

[45] Compbell John Y. , Joao F. Cocco, Francisco J. Gomes, Pascal J. Maenhout. Investing Retirement Wealth: A life – cycle Model [M] . University of Chicago Press, 2001.

[46] Compbell John Y. , Luis M. Viceira. Who Should Buy Long – term Bonds [J] . American Economic Review, 2001 (91): 99 – 127.

[47] Compbell John Y. , Luis M. Viceira. Strategic Asset Allocation: Portfolio Choice for Long – term Investors [M] . Oxford University Press, 2002.

[48] Campbell John Y. Restoring Rational Choice: The Challenge of Consumer Financial Regulation [R] . NBER Working Paper, 2016 (22025) .

[49] Corte, Pasquale Della, Lucio Sarno, and Giulia Sestieri. The Predictive Information Content of External Imbalances for Exchange Rate Returns: How Much is it Worth? [R] . Cass Business School Working Paper, 2009 (2) .

[50] David M. , Norman A. Portfolio Selection with Transactions Costs [J] . Mathematies of Operations Research, 1990 (15): 676 – 713.

[51] David McCarthy. Household Portfolio Allocation: A Review of the Literature [C] . Presented at the International Collaboration Forum, ESRI, Tokyo, 2004.

[52] David E. Tierney and Kenneth Winson. Using Gerneric Benchmarks to Present Manager Style [J] . The Journal of Portfolio Management, 1991 (7): 59 – 69.

[53] Davidoff, Thomas. Labor Income, Housing Prices, and Home Ownership [J] . Journal of Urban Economics, 2006 (59): 209 – 235.

[54] Davis, Steven J. , Felix Kubler, and Paul Willen. Borrowing Costs and the Demand for Equity over the Life Cycle [J] . Review of Economics and Statistics, 2006 (88): 348 – 362.

[55] Devereux, Michael and Alan Sutherland. Country Portfolio Dynamics [R] . University of British Columbia Working Paper, 2009 (2) .

[56] Eduardo S. Schwartz, Claudio Tebaldi. Illiquid Assets and Optimal Portfolio Choice [R] . NBER Working Paper, 2016 (12633) .

[57] Englund P. , Hwang M. , Quigley J. M. , Hedging Housing risk [J] . Journal of Real Estate Finance and Economics, 2002 (24): 1109.

[58] Epstein L. and Zin S. Substitution, Risk Aversion and the Temporal Behav-

ior of Consumeption and Asset Returns: A Theoretical Framework [J]. Econometrica, 1989 (57): 937 –969.

[59] Fratscher, Marcel L. Juvenal L. Sarno. Asset Prices and Current Account Fluctuations in Industrialized Economies [R]. ECB Working Paper, 2007 (790).

[60] Froot, Kenneth and Tarun Ramadorai. Currency Returns, Intrinsic Value and Institutional Investor [J]. Journal of Finance, 2005: 1535 –1566.

[61] Gentry, William and Glenn Hubbard. Entrepreneurship and Household Saving [R]. BER Working Paper, 2000 (7894).

[62] Gertler P., Hofmann B. Monetary Facts Revisited [J]. International Money and Finance, 2018 (86): 154 –170.

[63] Glindro E., Subhanij T., Szeto J., Zhu H. Are Asia – Pacific Housing Prices Too High for Comfort [R]. BIS Working Papers, 2008 (50).

[64] Gomes F. and A. Michaelides. Optimal Life – cycle Asset Allocation: Understanding the Empirical Evidence [J]. Journal of Finance, 2005 (LX): 869 –904.

[65] Gourinchas, Pierre – Olivier and Helene Rey. International Financial Adjustment [J]. Journal of Political Economy, 2007, 115 (4): 665 –703.

[66] Guiso L., P. Sapienza and L. Zingales. The Role of Social Capital in Financial Development [J]. American Economic Review, 2004 (94): 526 –556.

[67] Guiso L., T. Jappelli and D. Terlizzese. Income Risk, Borrowing Constraints, and Portfolio Choice [J]. American Economic Review, 1996 (86): 158 – 172.

[68] Guiso, Luigi and Monica Paiella. Risk Aversion, Wealth, and Background Risk [J]. Journal of the European Economic Association, 2008 (3): 1109 – 1150.

[69] Guiso, Luigi and Tullio Jappelli, Daniele Terlizzesse. Earnings Uncertainty and Precautionary Saving [J]. Journal of Monetary Economics, 1992 (30): 307 – 321.

[70] Guiso Luigi, M. Haliassos and T. Jappelli. Stockholding in Europe: Where Do We Stand and Where Do We Go? [J]. Economic Policy, 2003 (2): 117 –164.

[71] Guiso, Luigi, Paola Sa Pienza and Luigi Zingales. The Role of Social Capital in Financial Development [J]. American Economic Review, 2004 (94): 526 –

556.

[72] Gul F. A Theory of Disappointment Aversion [J]. Economatrica, 1991 (59): 667 – 686.

[73] Gyntelberg, Jacob, Mico Loretan, Tientip Subhanij and Eric Chan. International Portfolio Rebalancing and Exchange Rate? [R]. BIS Working Papers, 2009 (28).

[74] Hakenes H. Banks as Delegated Risk Managers [R]. University of Mannheim Working Paper, 2003 (03 – 13).

[75] Haliassos M. and Bertaut. Why Do So Few Hold Stocks? [J]. Economic Journal, 1995 (105): 1110 – 1129

[76] Haliassos, Michael and Carol C. Bertaut. Why Do So Few Hold Stocks? [J]. The Economic Journal, 1995 (105): 1110 – 1129.

[77] Harald Hau, Helene Rey. Global Portfolio Rebalancing Under The Microscope [R]. NBER Working Paper, 2008 (14165).

[78] Hatzius J. Housingholds the Key to Fed Policy [R]. Goldman Sachs Global Economics Papers, 2005 (137).

[79] Heaton J. An Empirical Investigation of Asset Pricing with Temporally Dependent Preference Specifications [J]. Econometrica, 1995 (63): 681 – 717.

[80] Heaton John and Deborah Lueas. Portfolio Choice in the Presence of Background Risk [J]. The Economic Journal, 2000 (109): 1 – 26.

[81] Heaton John and Deborah Lueas. Portfolio Choice and Asset Prices: The Importance of Entrepreneurial Risk [J]. Journal of Finance, 2000 (55): 1163 – 1198.

[82] Heaton J., Lucas D. J. Market Frictions, Saving Behavior, and Portfolio choice [J]. Macroeconomic Dynamics, 1997 (1): 76 – 101.

[83] Heaton J., Lucas D. J. Portfolio Choice and Asset Prices: The Importance of Entre Preneurial Risk [J]. Journal of Finance, 2000 (55): 1163 – 1198.

[84] Hong H., J. D. Kubik J. C. Stein. Social Interaction and Stock – market Participation [J]. Journal of Finance, 2004 (59): 137 – 163.

[85] Hu, Xiaoqing. Portfolio Choices for Homeowners [R]. University of Illinois at Chicago Working Paper, 2003.

[86] Ivkovi'e, Zoran, Scott Weisbenner. Local Does as Local Is: Information Content of the Geography of Individual Investors Common Stock Investments [J]. Journal of Finance, 2005 (60): 267 – 306.

[87] Iwaisako T. Household Portfolios in Japan: Interaction Between Equity and Real Estate Holdings Over the Life Cyele [R]. NBER Working Paper, 2003 (9647).

[88] James Banks, Richard Blundell, James P. Smith. Wealth Portfolios in the UK and the US [R]. NBER Working Paper, 2002 (9128).

[89] Jeffrey R. Brown, Nellie Liang, Scott Weisbenner. Individual Account Investment Options And Portfolio Choice: Behavioral Lessons From 401 (K) Plans [R]. NBER Working Paper, 2007 (13169).

[90] Jesse Bricker, Brian Bucks, Arthur Kennickell, Traci Mach, Kevin Moore. Surveying the Aftermath of the Storm: Changes in Family Finances from 2007 to 2009 [R]. FEDS Working Paper, 2011 (17).

[91] Jordà O., Schularick M., Talor A. M. Financial Crises, Credit Booms, and External Imbalances: 140 Years of Lessons [J]. IMF Economic Review, 2016, 59 (2): 340 – 378.

[92] Kapteyn A. and C. Panis. The Size and Composition of Wealth Holdings in the United States, Italy and the Netherlands [R]. NBER Working Paper, 2003 (10182).

[93] King M. and Leape, J. Asset Accumulation, Information, and the Life Cycle [R]. NBER Working Paper, 1987 (2392).

[94] Krylova, Elizaveta, Lorenzo Cappiello, Roberto A. De Santis. Explaining Exchange Rate Dynamics – the Uncovered Equity Return Parity Condition [R]. European Central Bank Working Paper, 2005 (529).

[95] Kullman C. and S. Siegel. Real Estate and Its Role in Household Portfolio Choice [R]. University of British Columbia Working Paper, 2003.

[96] Lee B., Rosenthal L., Veld C., et al. Stock Market Expectations and Risk Aversion of Individual Investors [J]. International Review of Financial Analysis, 2015 (40): 122 – 131.

[97] Mankiw N. Gregory and Stephen P. Zeldes. The Consumption of Stockholders and Nonstockholders [J]. Journal of Financial Economies, 1991 (29): 97 – 112.

[98] Massa, Massimo, and Andrei Simonov, Hedging. Familiarity and Portfolio Choice [J]. Review of Financial Studies, 2006 (19): 633 – 685.

[99] Mayers, David. Nonmarketable Assets and the Determination of Capital Asset Prices in the Absence of Riskless Asset [J]. Journal of Business, 1973 (46): 258 – 267.

[100] Mehra, Rajnish and Edward C. prescott. The Equity Premium: A Puzzle [J]. Journal of Monetary Economics, 1985 (15): 145 – 161.

[101] Merton, Robert C. Lifetime Portfolio Selection under Uncertainty: The Continuous 2Time Case [J]. Review of Economics and Statistics, 1969 (51): 247 – 257.

[102] Monetary and Economic Department, The Bank of Korea. Household Debt: Implications for Monetary Policy and Financial Stability [R]. BIS Working Paper, 2009 (46).

[103] Nakagawa, S., Tomoko and Shimizu. Portfolio Selection of Financial Assets by Japan's Households [R]. Bank of Japan Working Paper, 2000.

[104] Otrok C., B. Ravikumar and C. Whiteman. Habit Formation: A Resolution of the Equity Premium Puzzle [J]. Journal of Monetary Economics, 2002 (49): 1261 – 1288.

[105] Otten R. and M. Schweitzer. A Comparison between the European and the US Internation Fund Industy [J]. Managerial Finance, 2002 (28): 14 – 35.

[106] Pedro Silos. Housing, Portfolio Choice and the Macroeconomy [J]. Journal of Economic Dynamics & Control, 2007 (31): 2774 – 2801.

[107] Portes, Richard and Helene Rey. The Determinants of Cross – border Equity Flows [J]. Journal of International Economics, 2005, 65 (2): 269 – 296.

[108] Pyatt G., Chen C. N. and Fei J. The Distribution of Income by Factor Components [J]. Quarterly Journal of Economics, 1980 (95): 451 – 473.

[109] Qiu L., Weleh. Investment Sentiment Measures [R]. NBER Working Paper, 2004 (10794).

[110] Rao V. M. Two Decompositions of the Concentration Ratio [J]. Journal of the Royal Statistical Society, 1969 (132): 418 – 425.

[111] Roussanov N. Human Capital Investment and Portfolio Choice Over the Life –

cycle〔R〕. University of Chicago Working Paper, 2004（3）.

〔112〕Saito, Makoto. Limited Market Participation and Asset Pricing〔R〕. University of British Colulmbia Working Paper, 1995.

〔113〕Samuelson, Paul A. Lifetime Portfolio Selection by Dynamic Stochastic Programming〔J〕. Review of Economics and Statistics, 1969（51）：239 – 246.

〔114〕Skinner, Jonathan. Risk Income, Life – cycle Consumption and Precautionary Savings〔J〕. Journalof Monetary Economics, 1998（22）：237 – 255.

〔115〕Svirydzenka K. , Introducing a New Broad – based Index of Financial Development〔R〕. IMF Working Paper, 2016（16/5）.

〔116〕Vayanos, Dimitri and Paul Wooley. An Institutional Theory of Momentum and Reversal〔D〕. London School of Economics, 2008.

〔117〕Viceria L . M. Optimal Portfolio Choice for Long – horizon Investors with Non – tradable Labor Income〔J〕. Journalof Finance, 2002（51）：433 – 470.

〔118〕Vissing Jorgensen. Towards an Explanation Of Household Portfolio Choice Heterogeneity：Nonfinancial Income and Participation Coststructures〔R〕. NBER Working Paper, 2002（8884）.

〔119〕Vissing rgensen, Annette. Limited Asset Market Participation and the Elasticity of Intertemporal Substitution〔J〕. Journal of Political Economy, 2002（110）：825 – 853.

〔120〕Yao R. and H. Zhang. Optimal Life Cycle Asset Allocation With Housing as a Collateral〔R〕. University of North Carolina Working Paper, 2004.

〔121〕Yongmiao Hong, Haitao Li, Feng Zhao. Can the Random Walk Model be Beaten in Out – of – sample Density Forecasts? Evidence from Intraday Foreign Exchange Rates〔J〕. Journal of Econometrics, 2007（141）：736 – 776.

〔122〕艾洪德，武志. 金融支持政策框架下的证券市场研究〔M〕. 北京：中国财政经济出版社，2009.

〔123〕北京大学互联网金融研究中心课题组. 北京大学互联网金融发展指数（第一期）〔R〕. 2015.

〔124〕陈国进，姚佳. 家庭风险性金融资产投资影响因素分析〔J〕. 金融与经济，2009（7）：27 – 29.

〔125〕陈斌开，李涛. 中国城镇居民家庭资产 – 负债现状与成因研究〔J〕.

经济研究，2011（增1）：55 – 79.

［126］陈浩武．长期投资者资产配置决策理论及应用研究［D］．上海交通大学博士学位论文，2007.

［127］陈学彬等．货币政策效应的微观基础研究——我国居民消费储蓄行为的实证分析［J］．复旦学报（社会科学版），2005（1）：42 – 54.

［128］黄倩．社会网络与家庭金融资产选择［D］．西南财经大学博士学位论文，2014.

［129］仇娟东，何凤隽，艾永梅．金融抑制、金融约束、金融自由化与金融深化的互动关系探讨［J］．现代财经，2011（6）：55 – 70.

［130］樊伟斌．我国居民金融资产多元化的变化趋势［J］．城市金融论坛，2000（8）：10 – 14.

［131］桂钟琴．基于国际比较的我国家庭金融资产选择行为研究［D］．暨南大学硕士学位论文，2010.

［132］郭新华，石朝辉，伍再华．基于SVAR模型的中国家庭债务与企业债务对宏观经济波动的影响［J］．贵州财经大学学报，2016（1）：1 – 9.

［133］郭晔．政策调控、杠杆率与区域房地产价格［J］．厦门大学学报（哲学社会科学版），2011（4）：43 – 50.

［134］何东，王红林．利率双轨制与中国货币政策实施［J］．金融研究，2011（12）：1 – 18.

［135］何丽芬．家庭金融研究的回顾与展望［J］．科学决策，2010（6）：79 – 94.

［136］江曙霞，陈玉婵．金融约束政策下的金融发展与经济效率［J］．统计研究，2011（7）：21 – 26.

［137］姜超，周霞．杠杆有多高？还会增加吗？——我国各部门的杠杆率测算和分析［R］．海报证券研究报告，2017.

［138］孔丹凤，吉野直行．中国家庭部门流量金融资产配置行为分析［J］．金融研究，2010（3）：24 – 33.

［139］雷晓燕、周月港．中国家庭的资产组合选择：健康状况与风险偏好［J］．金融研究，2010（1）：31 – 45.

［140］李辉文．房价、银行信贷与货币政策——以宏观审慎的视角［D］．厦门大学博士学位论文，2011.

［141］李晓峰，朱九锦．我国经常项目失衡与收入变动的关系——基于跨期消费平滑模型和我国的数据［J］．国际贸易问题，2010（6）：16－23.

［142］李银河等．穷人与富人［M］．上海：华东师范大学出版社，2004.

［143］刘瑞明，石磊．国有企业的双重效率损失与经济增长［J］．经济研究，2010（1）：127－137.

［144］柳欣等．资本理论与货币理论［M］．北京：人民出版社，2006.

［145］刘楹．家庭金融资产配置行为研究［M］．北京：社会科学文献出版社，2007.

［146］刘郁葱．中国金融约束政策对居民消费需求增长的影响：理论与实证研究［D］．厦门大学博士学位论文，2011.

［147］刘哲希，李子昂．结构性去杠杆进程中居民部门可以加杠杆吗［J］．中国工业经济，2018（10）：42－60.

［148］龙斧，王今朝．从房地产与"内需不足"机理关系看中国经济发展模式［J］．社会科学研究，2012（1）：17－25.

［149］卢家昌，顾金宏．家庭金融资产选择行为的影响因素分析［J］．金融发展研究，2009（10）：25－29.

［150］马勇，陈雨露．金融杠杆、杠杆波动与经济增长［J］．经济研究，2017（6）：31－45.

［151］［美］约翰·Y. 坎贝尔，路易斯·M. 万斯勒．战略资产配置［M］．上海：上海财经大学出版社，2004.

［152］［美］兹维·博迪．金融学（第二版）［M］．北京：中国人民大学出版社，2010.

［153］［美］兹维·博迪．投资学（原书第7版）［M］．北京：机械工业出版社，2012.

［154］潘敏，刘知琪．居民家庭"加杠杆"能促进消费吗？——来自中国家庭微观调查的经验证据［J］．金融研究，2018（4）：71－87.

［155］彭飞．基于行为金融的资产选择模型研究［M］．北京：经济科学出版社，2011.

［156］秦丽．利率自由化背景下我国居民金融资产结构的选择［J］．财经科学，2007（4）：15－21.

［157］邱崇明．股市的货币需求是否都需要满足［J］．福建金融，2006

（7）：44 - 47.

［158］邱崇明. 跨期融资、泡沫融资与货币非中性［J］. 厦门大学学报（哲学社会科学版），2010（2）：13 - 20.

［159］邱崇明，黄燕辉. 消费者流动性约束差异与货币政策区域效应研究［J］. 财经问题研究，2012（4）：38 - 44.

［160］邱崇明，李辉文. 房价波动、银行不稳定和货币政策［J］. 财贸经济，2011（3）：116 - 122.

［161］邱崇明，李辉文. 我国房地产市场有效性分析：理论与实证结果［J］. 福建论坛·人文社会科学版，2011（4）：10 - 14.

［162］邱崇明，张亦春，牟敦国. 资产替代与货币政策［J］. 金融研究，2005（1）：52 - 64.

［163］史代敏. 居民家庭金融资产选择的建模研究［M］. 北京：中国人民大学出版社，2012.

［164］史代敏，宋艳. 居民家庭金融资产选择的实证研究［J］. 统计研究，2005（10）：43 - 49.

［165］史代敏，宋艳. 加强区域性居民金融资产结构的研究［J］. 区域经济金融，2002（9）：38 - 39.

［166］宋光辉，徐青松. 股市投资功能与居民金融资产多元化发展［J］. 经济经纬，2006（1）：144 - 145.

［167］宋亚，成学真，赵先力. 我国省域杠杆率及其对经济增长的影响——基于省级面板数据门槛模型［J］. 华东经济管理，2017（2）：100 - 106.

［168］孙莉. 政府主导性对我国投资者保护的影响研究［M］. 北京：中国金融出版社，2010.

［169］唐国正等. 股权分置改革中的投资者保护与投资者理性［J］. 金融研究，2005（9）：137 - 154.

［170］唐珺，朱启贵. 家庭金融理论研究范式述评［J］. 经济学动态，2008（5）：115 - 119.

［171］唐旭. 金融理论前沿课题（第二辑）［M］. 北京：中国金融出版社，2003.

［172］田国强等. 防范金融风险当警惕家庭债务危机［N］. 社会科学报，2018 - 09 - 27.

［173］田新民，夏诗园．中国家庭债务，消费与经济增长的实证研究［J］．宏观经济研究，2016（1）：121 – 129.

［174］王聪，于蓉．美国金融中介资产管理业务发展及启示［J］．金融研究，2005（7）：163 – 170.

［175］王聪，张海云．中美家庭金融资产选择行为差异及其原因的分析［J］．国际金融研究，2010（5）：55 – 61.

［176］王聪，姚磊，柴时军．年龄结构对家庭资产配置的影响及其区域差异［J］．国际金融研究，2017（2）：76 – 86.

［177］汪红驹，张慧莲．资产选择、风险偏好与储蓄存款需求［J］．经济研究，2006（6）：48 – 58.

［178］王晟，蔡明超．中国居民风险厌恶系数测定及影响因素分析——基于中国居民投资行为数据的实证研究［J］．金融研究，2011（8）：192 – 206.

［179］汪洋．中国 M2/GDP 比率问题研究述评［J］．管理世界，2007（1）：137 – 152.

［180］魏华林，杨霞．家庭金融资产与保险消费需求相关问题研究［J］．金融研究，2007（10）.

［181］伍戈．中国的货币需求与资产替代：1994 ~ 2008［J］．经济研究，2009（3）：53 – 67.

［182］吴卫星等．中国居民家庭投资结构：基于生命周期、财富和住房的实证分析［J］．经济研究（增刊），2010：72 – 82.

［183］吴卫星，齐天翔．流动性、生命周期与投资组合相异性［J］．经济研究，2007（2）：97 – 110.

［184］吴卫星，齐天翔．中国家庭金融研究报告（2009 ~ 2010）［M］．北京：对外经济贸易大学出版社，2011.

［185］吴卫星，高申玮．房产投资挤出了哪些家庭的风险资产投资？［J］．东南大学学报（哲学社会科学版），2016（4）：56 – 66，147.

［186］吴晓求．互联网金融：成长的逻辑［J］．财贸经济，2015（2）：5 – 15.

［187］谢平，邹传伟，刘海二．互联网金融的基础理论［J］．金融研究，2015（8）：1 – 12.

［188］谢之峰．居民部门杠杆率对经济增长影响的实证研究——基于 ARDL –

ECM 模型［J］. 区域金融研究，2017（5）：62 - 66.

［189］邢大伟. 居民家庭资产选择研究——基于江苏扬州的实证［D］. 苏州大学博士学位论文，2009.

［190］熊海斌. 创业利润实质、计量方法与股票发行价评价［J］. 广东商学院学报，2005（2）：22 - 25.

［191］徐建国. 低利率推高房价：来自中国、美国和日本的证据［J］. 上海金融，2011（12）：5 - 13.

［192］许年行. 中国上市公司股权分置改革的理论与实证研究［M］. 北京：北京大学出版社，2010.

［193］闫坤等. 中美储蓄率差异的原因及影响分析［J］. 财贸经济，2009（1）：32 - 39.

［194］晏艳阳. 我国上市公司资本结构与企业价值研究［J］. 财经理论与实践，2002（7）：50 - 53.

［195］晏艳阳，张天阳. 净资产收益率、杠杆与配股［J］. 财经理论与实践，2001（3）：56 - 59.

［196］杨德林. 股市之痛——一个"套中人"的独白［M］. 上海：上海辞书出版社，2009.

［197］杨继伟. 股价信息含量与资本配置效率研究［D］. 中南大学博士学位论文，2011.

［198］杨凌，陈学彬. 我国居民家庭生命周期消费储蓄行为动态模拟研究［J］. 复旦学报（社会科学版），2006（6）：14 - 24.

［199］姚佳. 家庭资产组合选择研究——基于美国 SCF 数据库的理论和实证分析［D］. 厦门大学博士学位论文，2009.

［200］易纲，宋旺. 中国金融资产结构演进：1991 ~ 2007［J］. 经济研究，2008（8）：4 - 15.

［201］易纲，吴有昌. 货币银行学［M］. 上海：上海人民出版社，1999.

［202］游家兴. 中国证券市场股价波动同步性研究——基于 R^2 的研究视角［D］. 厦门大学博士学位论文，2007.

［203］游家兴，江伟，李斌. 中国上市公司透明度与股价波动同步性的实证分析［J］. 中大管理研究，2007，2（1）：147 - 164.

［204］喻开志，邹红. 我国居民资产配置行为的随机模拟研究［J］. 数理

统计与管理，2010（1）：32－40.

［205］于蓉．我国家庭金融资产选择行为研究［D］．暨南大学博士学位论文，2006.

［206］袁志刚，冯俊，罗长远．居民储蓄与投资选择：金融资产发展的含义［J］．数量经济技术经济研究，2005（1）：34－49.

［207］臧旭恒等．居民资产与消费选择行为分析［M］．上海：上海人民出版社，2001.

［208］张海云．我国家庭金融资产选择行为及财富分配效应［D］．暨南大学博士学位论文，2010.

［209］张辉，付广军．城镇居民家庭金融资产投资渠道选择模型研究［J］．山东经济，2008（1）：94－97.

［210］张学勇，贾琛．居民金融资产结构的影响因素——基于河北省的调查研究［J］．金融研究，2010（3）：34－44.

［211］张亦春，邱崇明．开放进程中的中国货币政策研究——基于"入世"背景［M］．北京：北京大学出版社，2008.

［212］张勇．资产替代、金融市场交易和货币流通速度的稳定性［J］．中央财经大学学报，2007（1）：33－54.

［213］赵晓英．不确定性对我国城镇居民消费和投资组合选择的影响研究［D］．湖南大学博士学位论文，2007.

［214］赵晓英，曾令华．我国城镇居民投资组合选择的动态模拟研究［J］．金融研究，2007（4）：72－86.

［215］郑鸣，倪玉娟．货币政策和股票收益率的动态相关性研究——基于DCC－MGARCH 和 MS－VAR 的实证分析［J］．厦门大学学报（哲学社会科学版），2011（2）：34－41.

［216］郑木清．机构投资者积极资产配置决策研究［D］．复旦大学博士学位论文，2003.

［217］郑振龙、陈志英．现代投资组合理论最新进展评述［J］．厦门大学学报（哲学社会科学版），2012（2）：17－24.

［218］周晋，劳兰君．医疗健康问题对居民资产配置的影响［J］．金融研究，2012（2）：61－72.

［219］周俊仰，汪勇，韩晓宇．去杠杆、转杠杆与货币政策传导［J］．国

际金融研究，2018（5）：24 – 34.

[220] 邹红. 扩大消费需求的微观基础研究——我国城镇居民家庭资产与消费问题分析 [M]. 成都：西南财经大学出版社，2010.

[221] 朱孟楠，刘林. 资产价格、汇率与最优货币政策 [J]. 厦门大学学报（哲学社会科学版），2011（2）：25 – 33.